# 从零开始学
# Unity 游戏开发

**场景+角色+脚本+交互+体验+效果+发布**

房毅成◎编著

北京大学出版社

PEKING UNIVERSITY PRESS

# 内 容 提 要

近年来，越来越多的游戏开发爱好者开始关注Unity引擎，相比于其他引擎，Unity有强大的资源商店和跨平台能力，而且容易上手，目前已成为游戏开发行业的主流选择，受到了大量开发者的青睐。

本书共有10章内容，以认识Unity引擎开始，从0到1突破，循序渐进地介绍了Unity游戏开发的方方面面。本书采用知识点讲解、经验技巧与相应的动手练习相结合的方式，将一个完整的游戏案例以章节任务的形式贯穿其中，系统地讲解如何从最基本的熟悉Unity界面操作开始，一步步搭建起游戏场景，让其逐渐丰富生动起来，并能与玩家进行交互，然后添加UI界面完善游戏流程，增强游戏的画面效果和视听体验及游戏的真实性，最终形成一款相对完整的成品游戏，并将游戏成品打包发布到不同的平台，供其他玩家上线体验的全过程。

本书适合游戏开发人员，特别是游戏开发初学者阅读，也适合对游戏开发和Unity感兴趣的读者阅读，还可作为高等院校相关专业和培训机构的教材。

## 图书在版编目(CIP)数据

从零开始学Unity游戏开发：场景+角色+脚本+交互+体验+效果+发布 / 房毅成编著. —北京：北京大学出版社，2022.11

ISBN 978-7-301-33414-0

Ⅰ.①从… Ⅱ.①房… Ⅲ.①游戏程序－程序设计 Ⅳ.①TP317.6

中国版本图书馆CIP数据核字（2022）第179716号

| | |
|---|---|
| 书　　　　名 | 从零开始学Unity游戏开发：场景+角色+脚本+交互+体验+效果+发布 |
| | CONG LING KAISHI XUE Unity YOUXI KAIFA: CHANGJING+JUESE+JIAOBEN+JIAOHU+TIYAN+XIAOGUO+FABU |
| 著作责任者 | 房毅成　编著 |
| 责 任 编 辑 | 刘　云　孙金鑫 |
| 标 准 书 号 | ISBN 978-7-301-33414-0 |
| 出 版 发 行 | 北京大学出版社 |
| 地　　　　址 | 北京市海淀区成府路205号　100871 |
| 网　　　　址 | http://www.pup.cn　　新浪微博：@北京大学出版社 |
| 电 子 信 箱 | pup7@pup.cn |
| 电　　　　话 | 邮购部 010-62752015　发行部 010-62750672　编辑部 010-62570390 |
| 印 　刷　 者 | 北京宏伟双华印刷有限公司 |
| 经 　销 　者 | 新华书店 |
| | 787毫米×1092毫米　16开本　18.5印张　545千字 |
| | 2022年11月第1版　2022年11月第1次印刷 |
| 印　　　　数 | 1-3000册 |
| 定　　　　价 | 118.00元 |

前言

关于游戏开发之路

亲爱的读者:

　　感谢这本书让你我在此相遇。

　　从开始接触游戏开发到现在已经有十余年了。刚开始接触游戏开发时，笔者还只是个一无所知的零基础小白，凭着对游戏的热爱和对游戏开发的向往，一路从研发游戏引擎与Unity结缘，到后来涉足端游、手游、VR/AR等领域，投身于这个行业中一转眼就是十余年。在这段旅程中，除了逐渐积累起来的大量项目开发经验，更重要的是开发游戏这件事已经成为笔者生命中不可或缺的一种表达方式，开发游戏和分享相关知识也为笔者的生活带来了充实感和成就感。也正是如此，才有了本书。

　　本书分享了使用Unity进行游戏开发的一般流程和实现方式，除了将知识讲解与案例练习相结合，还根据笔者的工作经验和高校教学及培训分享等经历，总结了若干实用技巧、心得和注意事项并穿插在各模块中作为补充。

　　在游戏开发这条路上，有太多的人始于对游戏的热爱，而苦于开发的门槛，鲜克有终。Unity引擎大大降低了这一门槛，让每个人都有机会圆自己开发游戏的梦。

　　希望这本书能够帮助更多的伙伴迈入Unity游戏开发世界，在游戏开发过程中，大家相互陪伴，少走弯路，共同进步。

房毅成

2022年秋

# 本书使用说明

**1** 登录 Unity 官网，下载本书对应学习版软件，或者购买软件。

**2** 学习时，结合知识点操作，正确打开本书配套学习资源。

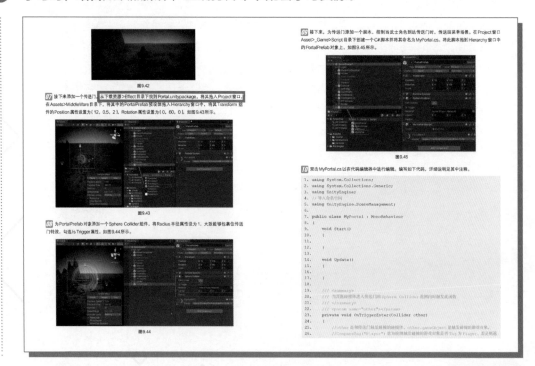

❸ "动手练"模块帮读者巩固学过的命令和功能。

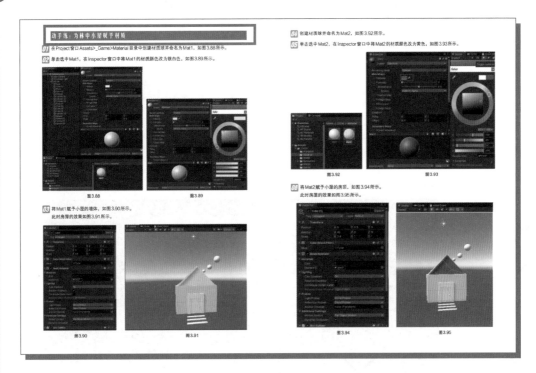

❹ "本章任务"模块将一个真实的游戏开发过程贯穿全书，学完本书，既掌握了软件操作，又获得了项目实操锻炼。

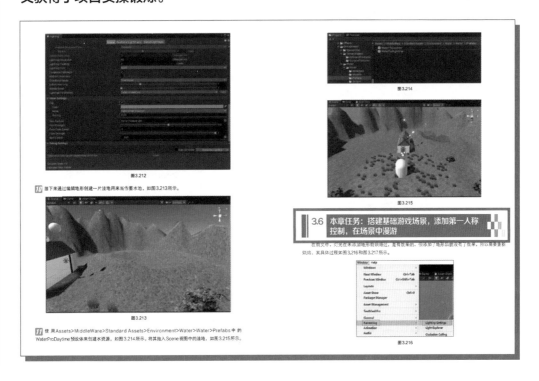

# 本书教学视频和随书资源说明

**❶** 本书附赠各章的教学视频，共计 **120** 多分钟，可随时、反复观看教学演示。

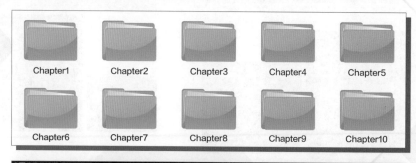

**❷** 本书项目案例文件和素材，合计 **3GB**。请正确打开。

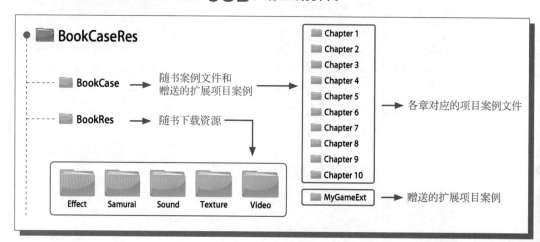

**❸** 用微信扫描右侧二维码关注微信公众号，并输入77页资源下载码获取下载地址及密码。

## 第9章　增强游戏真实性

## 第10章　跨平台发布游戏

**第1章**
# 游戏开发入门

- 认识游戏
- 认识游戏开发
- Unity 发展简史
- Unity 应用领域
- Unity 项目工程
- Unity 资源商店（Asset Store）

## 1.1 游戏开发概述

游戏开发，顾名思义，可以分为游戏和开发两个层面，下面从这两个层面来认识它。

### 1.1.1 认识游戏

#### 1. 游戏的概念

电子游戏，被称为第九艺术，与大家经常提及的八大艺术（文学、绘画、音乐、舞蹈、雕塑、戏剧、建筑、电影）有所不同的是，游戏不仅是用来欣赏的，而且是可以用来玩的（可交互的）。

那么，到底什么样的活动才能被称为游戏呢？

其实，要成为游戏需要满足以下几个条件。

①至少需要有一个参与者——玩家；

②有一定的规则；

③有胜利的条件。

例如，打篮球这项活动，就需要满足有打篮球的人——篮球运动员；有一定的规则——投篮得分等；有胜利的条件——计时结束后得分高的一方胜利。这样才能将其称为篮球游戏，这几个条件缺一不可。

#### 2. 游戏的发展简史

1971年，诺兰·布什内尔设计了世界上第一个商用电子游戏——*Computer Space*（《电脑空间》）。

1972年，诺兰·布什内尔和他的朋友成立了世界上第一个电子游戏公司——雅达利，并设计了第一款街机游戏——*Pong*（《乒》），获得了巨大的成功。

1979年，四名前雅达利员工创建了全球第一家独立游戏开发公司——动视暴雪。

1980年，日本游戏开发商南梦宫开发了经典游戏《吃豆人》。

1984年，阿列克谢·帕基特诺夫开发出了经典游戏《俄罗斯方块》。

1985年，日本游戏公司任天堂推出了经典游戏《超级马里奥兄弟》。

1987年，日本游戏公司科乐美推出了经典FC游戏《魂斗罗》。

1993年，id Software开发了一款FPS游戏（第一人称射击游戏）——《毁灭战士》。

1994年，美国游戏公司暴雪娱乐推出了风靡全球的RTS（即时战略游戏）——《魔兽争霸》系列。

1997年，《帝国时代》系列诞生，由全效工作室开发，微软发行。

1998年，《星际争霸》系列诞生，依然由暴雪娱乐开发。

2000年，由索尼公司发布的PS2游戏机诞生。

2006年，任天堂发布了Wii游戏机，获得了极高的销量。

2008年，苹果App Store上线，诞生了大量移动、社交、休闲游戏。

2013年，微软推出Xbox One游戏机，同年索尼发布了PS4游戏主机，成为最畅销的游戏主机。

2020年，索尼发布最新次世代性能主机PS5。

## ③. 游戏的未来展望

随着时代的进步和科技的发展，未来的游戏将会有更多更新的发展。依据目前的技术发展趋势，可以初步预测游戏未来可能的一些发展方向。

### （1）虚拟现实（VR）游戏

虚拟现实（Virtual Reality，简称VR）是一种可以创建和体验虚拟世界的计算机仿真系统，它利用计算机生成一种模拟环境，使用户沉浸到该环境中。此类游戏给玩家带来极强的真实带入感，玩家在玩游戏时，仿佛置身于虚拟的游戏世界中，并且能够使用类似现实中的自然交互方式跟虚拟世界中的物体进行交互。此类游戏的代表有《水果忍者VR》《节奏光剑》等，如图1.1和图1.2所示。

图1.1            图1.2

### （2）增强现实（AR）游戏

增强现实（Augmented Reality，简称AR）是一种实时计算摄影机影像的位置及角度并加上相应图像的技术，是一种将真实世界信息和虚拟世界信息"无缝"集成的新技术，这种技术的目标是在屏幕上把虚拟世界套在现实世界并进行互动。此类游戏的代表如《宝可梦GO》《一起来捉妖》等，如图1.3和图1.4所示。

图1.3

图1.4

### （3）云游戏

云游戏是以云计算为基础的游戏方式，在云游戏的运行模式下，所有的游戏都在服务器端运行，并将渲染完毕后的游戏画面压缩后通过网络传送给用户。在客户端，用户的游戏设备不需要任何高端处理器和显卡，只需要具备基本的视频解压能力就可以了。在未来，游戏玩家只要有高速网络（比如5G）和云游戏平台的登录账号，即可随时随地在任何终端设备即时玩各种游戏了。

## 1.1.2 了解游戏开发与流程

从游戏开发的人员分工来看，大致可以分成游戏策划、游戏程序、游戏美术和游戏测试等工种。

一般的开发流程是：通过市场调研、创意形成、头脑风暴等方式进行项目立项；然后策划人员进行游戏的整体方向设计，此时程序员开始搭建整体程序框架，而美术人员则进行美术风格的设定；接下来，策划人员定出核心玩法，程序员和美术人员搭配实现游戏的原型，并尽量完善核心玩法，形成初期游戏原型DEMO。

完成原型DEMO后，策划人员进行各个系统模块的具体玩法设计，程序员实现各系统模块功能，美术人员提供资源制作，逐步形成一个相对完整的游戏。同时游戏测试人员介入，对游戏进行测试和完善，如此这般，不断重复迭代和完善，最终完成游戏的开发。

当然这只是游戏开发阶段的一些主要流程，游戏到这里也只是开发出来了，仅仅停留在作品层面，如果之后考虑上线盈利等问题，还需要做好游戏的产品化、商业化及宣发运营等工作。

## ▌ 1.2 初识 Unity 引擎——选择优秀的开发平台

要开发游戏，必然要选择一个合适的工具，其中非常重要的一环就是选择一款合适的游戏引擎。所谓游戏引擎是指一些已编写好的可编辑计算机游戏系统或一些交互式实时图像应用程序的核心组件。这些系统为游戏设计者提供各种编写游戏所需的工具，其目的在于让游戏设计者能比较容易和快速地实现游戏功能，而不用从零开始。选择一款合适的游戏引擎将使游戏开发事半功倍。

目前市面上有很多优秀的游戏引擎，如 Unity、Unreal Engine、Cocos、Cry Engine 等，但目前国内大多数开发者认可的主流选择是 Unity，且市面上有超过一半的游戏都是使用 Unity 创建的，Unity 的优势如下。

◆ 平台支持更广泛。

◆ 开发效率高，可实时解决问题。

◆ 内置游戏数据分析功能、Multiplayer、变现和广告解决方案。

◆ 方便灵活的编辑器，友好的开发环境，丰富的工具套件。

◆ 有助于团队成员无缝、高效协作。

◆ 在线商店资源丰富。

Unity 分为 Unity Personal（Unity 个人版，仅供个人学习使用）、Unity Plus（Unity 加强版，适用于高要求的个人开发者及初步成立的小企业）、Unity Pro（Unity 专业版，企业和团队开发者使用）3 个版本，可以访问其国内官网（https://unity.cn/），注册登录账号，然后根据所需版本，下载安装即可。Unity 的 Logo 如图 1.5 所示。

图 1.5

## 1.2.1 Unity 发展简史

2004 年，Unity 诞生于丹麦的阿姆斯特丹。

2005 年，Unity 总部设在了美国的旧金山，并发布了 Unity 1.0 版本。

2008 年，Unity3D 的公司名称正式更名为 Unity Technologies。

2012 年，Unity 上海分公司成立，正式进入中国市场。

2015 年，Unity 5 发布。

2017 年，Unity2017 发布，自 Unity2017 开始以年份命名，每年推出 4 个小版本，其中最后 1 个小版本为 LTS 版本，即更加稳定的长期支持版本。

2018 年，Unity2018 及 Unity2017 LTS 版本发布，并提供了 Unity Hub 工具和官方中文支持。

2019 年，Unity2019 及 Unity2018 LTS 版本发布。

2020 年，Unity2020 及 Unity2019 LTS 版本发布，自 Unity2020 开始将之前的每年推出 4 个小版本改为每年推出 3 个小版本，其中最后 1 个小版本依然为 LTS 版本。

2021 年，Unity2021 及 Unity2020 LTS 版本发布。

2022 年，Unity2022 及 Unity2021 LTS 版本发布。

## 1.2.2 Unity 应用领域

◆ **游戏娱乐**

○ 主机和 PC 游戏。

○ 移动游戏。

○ 小游戏。

○ AR 和 VR 游戏。

◆ **汽车、运输与制造**

○ 设计可视化。

○ 培训和指导。

○ 销售与营销领域。

○ 人机交互界面开发。

○ 无人驾驶车辆训练。

◆ **动画影视**

○ 实时高效的创作体验。Unity为动画内容创作者带来了实时工作流程，加快传统制作流程的速度，在灵活的平台上为美术师、制作人和导演提供更多的创作自由、快速反馈和美术迭代机会，让实时制作成为现实。

◆ **建筑、工程与施工**

○ 为大规模现实生活应用场景创建沉浸式3D模型体验。借助Unity Reflect，可从多个Autodesk Revit模型创建针对VR、AR等技术的沉浸式交互体验。

## 1.2.3 创建Unity项目工程——开启游戏开发之旅

Unity的下载、安装、注册账号等步骤与大多数软件的操作类似，本书不作赘述。值得一提的是，本书使用的Unity版本是2019.4.16f1，若读者使用其他版本，部分内容可能略有不同，但不影响学习使用。运行Unity，会弹出图1.6所示的对话框。

图1.6

### 动手练：创建第一个Unity游戏项目工程

接下来，从创建第一个Unity游戏项目工程开始，踏上Unity的游戏开发之旅。单击"新建"按钮，会弹出图1.7所示的对话框。在左侧可以根据项目需要选择模板，如2D模板或3D模板，以及支持可编程渲染管线的High Definition RP（高清渲染管线，简称HDRP）或Universal Render Pipeline（通用渲染管线，简称URP）。这里使用默认的3D模板，适合创建大多数的普通3D项目，在右侧将项目名称修改为MyGame，再根据需要设置工程所在的位置，然后单击"创建"按钮即可。之后Unity会初始化项目并显示进度条，如图1.8所示。

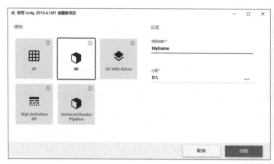

图1.7

图1.8

当进度条完成后，即可看到Unity编辑器的工作界面，如图1.9所示。

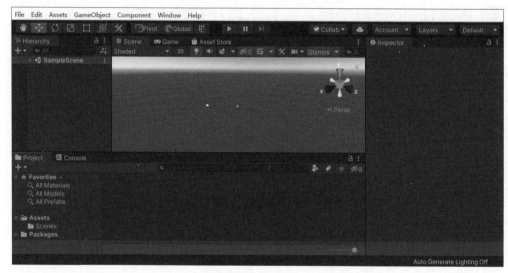

图1.9

至此，第一个Unity游戏项目工程就创建完成了。在这个项目中，Unity默认创建了一个名为SampleScene的场景，而且在这个场景中有一个名为Main Camera的主摄像机和一个名为Directional Light的平行光。

## 1.2.4 Unity 资源商店（Asset Store）

与其他游戏引擎相比，用Unity能够更加快速高效地进行游戏创作，其中一个非常重要的原因就是其庞大的资源商店。Unity的资源商店拥有非常丰富的资源（3D模型、2D贴图、纹理材质、动画、UI字体、音频、特效等）、功能插件和项目模板，可以挑选所需的资源插件购买使用（当然也可以制作资源插件在商店中进行售卖）。资源商店中也有很多资源插件是免费的，可以直接下载并导入Unity进行使用，其中就包括Unity官方免费提供的一些资源包，如Standard Assets（标准资源包）。

### 动手练：为游戏项目导入 Unity 标准资源包

接下来，为游戏项目导入Unity标准资源包。

**01** 在Unity中按快捷键Ctrl+9打开Asset Store（资源商店）窗口，在窗口右上方可切换显示语言为简体中文，方便查看。

　　资源商店的使用方法类似于普通的购物网站，在右侧可以按照分类、价格、版本、发行商、评分、平台等条件进行筛选。也可以在上方的搜索栏中输入关键词（英文）进行资源搜索，如输入关键词"Standard Assets"，在下方会列出所有相关的资源搜索结果，每个资源都能清楚地看到发布者、资源名称、评分、价格、折扣等信息，单击第一个搜索结果，即Unity官方提供的标准资源包，即可进入其资源详情页面，如图1.10所示。在页面左侧可以预览资源的图片或视频，在页面右侧可以查看许可证类型、文件大小、最新版本、最新发布日期、支持的Unity版本和外部支持的链接，还可以根据需要单击下载或收藏按钮，如图1.11所示。

　　在页面下方能够找到更加详细的资源描述、资源包内容、版本及使用者的评价等信息，如图1.12所示。

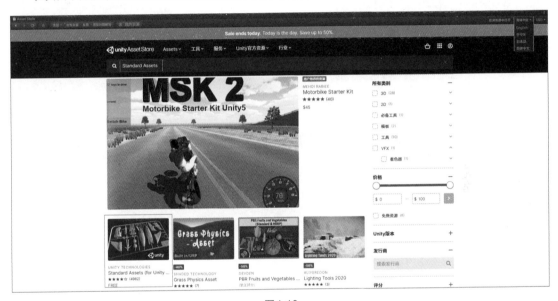

图1.10

图1.11

图1.12

**02** 单击"下载"按钮开始下载，下载完成后，"下载"按钮会变成"导入"按钮，如图1.13所示。单击"导入"按钮，会弹出导入资源预览窗口，单击右下角的Import（导入）按钮，如图1.14所示。导入完成后，在Project窗口中可以找到刚导入的Unity标准资源包中的资源，它存在于Assets\Standard Assets目录下，如图1.15所示。

图1.13

图1.14

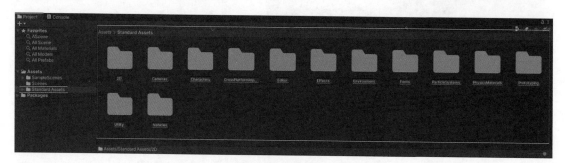

图1.15

# 1.3 本章小结

　　在本章中，我们了解了游戏和游戏开发相关的概念及流程，对 Unity 引擎、发展历史和应用领域等方面有了初步的了解，使用 Unity 创建了项目工程，还通过资源商店为游戏项目导入了 Unity 标准资源包，这为后续的游戏开发做好了初步的准备。

CHAPTER

第2章

# Unity界面基础与操作

## 本章学习要点

- 菜单栏
- 工具栏
- 6个常用操作窗口或视图（Hierarchy、Scene、Project、Inspector、Game、Console）

一般来说，学习一款软件都是从了解最基本的操作界面开始。Unity作为一款软件，当然也不例外，本章将集中讲解Unity的界面视图及基础操作。在Unity中，操作界面主要由菜单栏、工具栏和6个常用的窗口或视图（Hierarchy、Scene、Project、Inspector、Game、Console）组成，如图2.1所示，其界面具有功能强大、易上手、人性化、可视化等特点，方便用户进行所见即所得的操作。

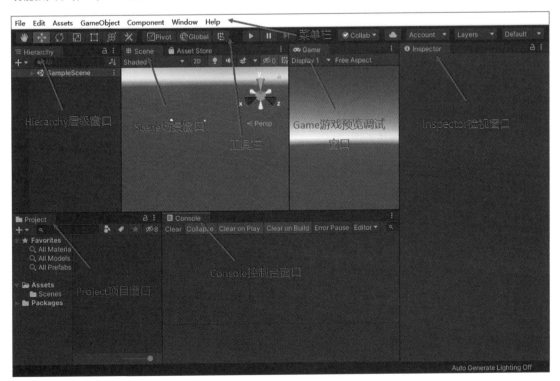

图2.1

# 2.1 菜单栏

菜单栏由File(文件)菜单、Edit(编辑)菜单、Assets(资源)菜单、GameObject(游戏对象)菜单、Component(组件)菜单、Window(窗口)菜单、Help(帮助)菜单这七大部分组成,如图2.2所示。接下来分别介绍这七大部分。

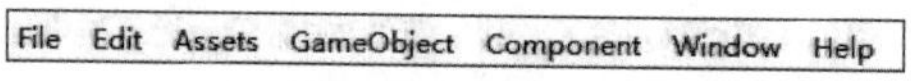

File  Edit  Assets  GameObject  Component  Window  Help

图2.2

## 2.1.1 File(文件)菜单

File(文件)菜单如图2.3所示,相关说明见表2.1。

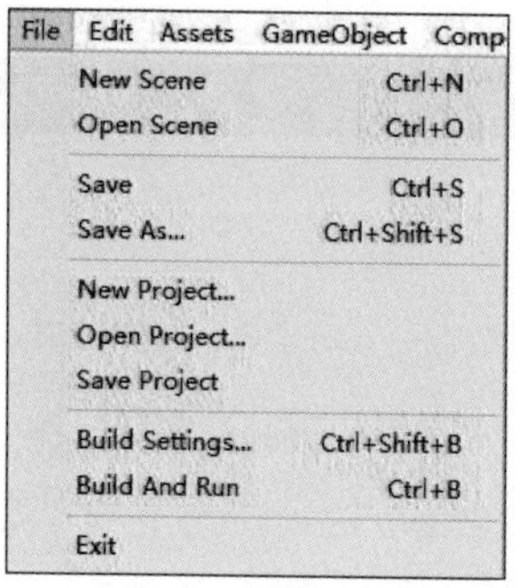

图2.3

表2.1

| 选项英文名称 | 选项中文名称 | 说明 |
| --- | --- | --- |
| New Scene | 新建场景 | 新创建的场景只包含一个摄像机和一个平行光,快捷键为Ctrl+N,新建的场景默认名为Untitled,需要主动进行改名保存 |
| Open Scene | 打开场景 | 弹出Load Scene(加载场景)窗口,快捷键为Ctrl+O,只需要选择打开的场景文件即可,场景文件的后缀名为.scene格式 |
| Save | 保存 | 弹出Save Scene(保存场景)窗口,快捷键为Ctrl+S,只需要输入相应的文件名称即可自动保存场景文件 |
| Save As... | 另存为 | 弹出场景另存为对话框,快捷键为Ctrl+Shift+S,只需要输入相应的文件名即可自动保存场景文件 |
| New Project... | 新建项目 | 弹出创建新项目对话框,只需输入相应的项目名称和文件路径,即可创建一个新的项目文件 |
| Open Project... | 打开项目 | 弹出打开项目对话框,只需选择已有的项目文件,即可打开项目 |
| Save Project | 保存项目 | 保存当前项目 |

续表

| 选项英文名称 | 选项中文名称 | 说明 |
|---|---|---|
| Build Settings... | 发布设置 | 弹出发布设置对话框，快捷键为 Ctrl+Shift+B。在 Scenes In Build 对话框中单击 Add Open Scenes 按钮，即可在发布设置中添加当前所有的场景，单击 Build 按钮即可进行游戏的发布 |
| Build And Run | 发布并运行 | 在本机运行并发布游戏作品，快捷键为 Ctrl+B |
| Exit | 退出 | 退出软件 |

## 2.1.2 Edit（编辑）菜单

Edit（编辑）菜单如图2.4所示，相关说明见表2.2。

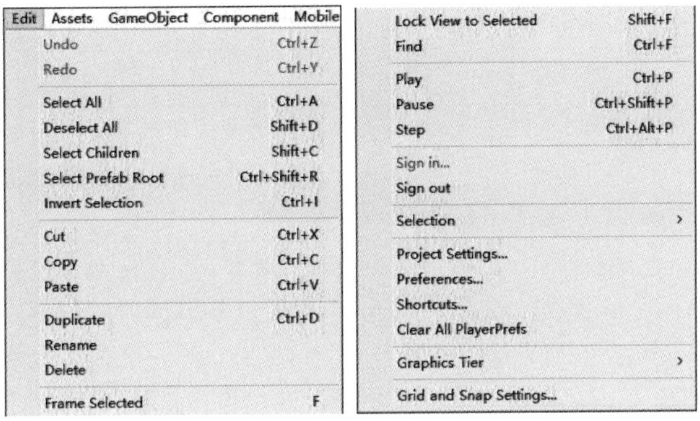

图2.4

表2.2

| 选项英文名称 | 选项中文名称 | 说明 |
|---|---|---|
| Undo | 撤销 | 快捷键 Ctrl+Z |
| Redo | 恢复 | 快捷键 Ctrl+Y |
| Select All | 全选 | 快捷键 Ctrl+A |
| Deselect All | 反选全部 | 快捷键 Shift+D |
| Select Children | 选择子节点 | 快捷键 Shift+C |
| Select Prefab Root | 选择预设体根节点 | 快捷键 Ctrl+Shift+R |
| Invert Selection | 反选 | 快捷键 Ctrl+I |
| Cut | 剪切 | 快捷键 Ctrl+X |
| Copy | 复制 | 快捷键 Ctrl+C |
| Paste | 粘贴 | 快捷键 Ctrl+V |
| Duplicate | 复制并粘贴 | 快捷键 Ctrl+D |
| Rename | 重命名 | 快捷键 F2 |

续表

| 选项英文名称 | 选项中文名称 | 说明 |
|---|---|---|
| Delete | 删除 | 快捷键Delete |
| Frame Selected | 聚焦选中的物体 | 快捷键F |
| Lock View to Selected | 将视角锁定在选中的物体上 | 快捷键Shift+F |
| Find | 查找 | 快捷键Ctrl+F |
| Play | 运行与播放 | 快捷键Ctrl+P |
| Pause | 暂停与恢复 | 快捷键Ctrl+Shift+P |
| Step | 单帧与预览 | 快捷键Ctrl+Alt+P |
| Sign in... | 账号登录 | 使用Unity Services或资源商店等都需要先登录账号 |
| Sign out | 账号登出 | — |
| Selection | 选择 | 可以通过按下快捷键Ctrl+Alt+数字键0~9将当前选择保存下来，然后通过快捷键Ctrl+Shift+数字键0~9来快速恢复之前的对象选择 |
| Project Settings... | 工程设置 | 弹出工程设置窗口，包括Audio（音频）、Editor（编辑器）、Graphics（图形）、Input Manager（输入管理器）、Physics（物理）、Physics 2D（2D物理）、Player（播放器）、Preset Manager（预设管理器）、Quality（质量）、Script Execution Order（脚本执行顺序）、Tags and Layers（标签与层级）、TextMesh Pro（Unity集成的一款文本显示插件）、Time（时间）、VFX（视觉特效相关）、XR Plugin Management（XR插件管理）等模块的具体设置 |
| Preferences... | 偏好设置 | 弹出偏好设置对话框，包括General（通用相关设置，具体见表2.3）、2D（2D相关设置，具体见表2.4）、Analysis（分析统计相关设置，具体见表2.5）、Cache Server (global)（缓存服务器相关设置）、Colors（界面窗口颜色相关设置）、External Tools（外部工具相关设置，见表2.6）、GI Cache（GI缓存相关设置）、UI Scaling（UI缩放相关设置）等模块 |
| Shortcuts... | 快捷键相关设置 | — |
| Clear All PlayerPrefs | 清除所有的玩家数据 | — |
| Graphics Tier | 图形模拟器 | 可选择需要的着色器模型 |
| Grid and Snap Settings... | 网格和对齐设置 | 可启用对齐/捕捉设置，需要在进行移动、缩放、旋转等操作时按住Ctrl键（Windows系统）/Command键（Mac系统）。Move X/Y/Z：设置游戏对象在x、y、z轴上移动操作时的最小单位。Scale：设置游戏对象在进行缩放操作时的百分比。Rotation：设置游戏对象进行旋转操作时的最小角度 |

表2.3

| 选项英文名称 | 选项中文名称 |
| --- | --- |
| Auto Refresh | 自动更新 |
| Load Previous Project on Startup | 启动时加载之前的项目 |
| Compress Assets on Import | 导入时压缩资源 |
| Disable Editor Analytics（Pro Only） | 禁用编辑器分析统计（仅专业版可用） |
| Show Asset Store search hits | 显示资源商店搜索提示 |
| Verify Saving Assets | 退出 Unity 时验证是否需要保存资源 |
| Script Changes While Playing | 运行时改变脚本 |
| Editor Theme | 编辑器主题 |
| Editor Font | 编辑器字体 |
| Enable Alphanumeric Sorting | 启用按字母排序 |
| Enable Code Coverage | 开启代码覆盖 |

表2.4

| 选项英文名称 | 选项中文名称 |
| --- | --- |
| Max Sprite Atlas Cache Size (GB) | 最大精灵图集缓存大小 |

表2.5

| 选项英文名称 | 选项说明 |
| --- | --- |
| Frame Count | Profiler窗口中最大可见帧的数量 |
| Show Stats for 'current frame' | Profiler窗口中为当前帧显示统计数据 |
| Default recording state | Profiler窗口中默认记录状态 |
| Default editor target mode on start | Profiler窗口中默认编辑器目标模式 |

表2.6

| 选项英文名称 | 选项说明 |
| --- | --- |
| External Script Editor | 外部脚本编辑器相关设置 |
| Editor Attaching | 编辑器附加操作，默认为开启 |
| Image application | 用来打开图像文件的应用程序 |

## 2.1.3 Assets（资源）菜单

Assets（资源）菜单如图2.5所示，相关说明见表2.7。

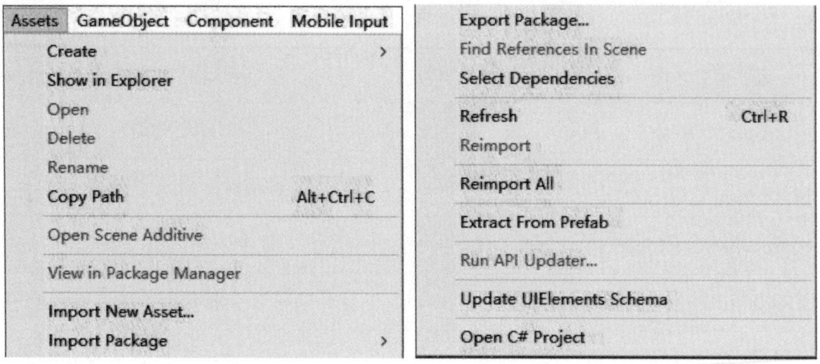

图2.5

表2.7

| 选项英文名称 | 选项中文名称 | 说明 |
|---|---|---|
| Create | 创建资源 | 可弹出创建资源列表，创建的资源的相关说明见表2.8 |
| Show in Explorer | 在资源浏览器中显示 | 可在资源浏览器中显示对话框 |
| Open | 打开资源 | — |
| Delete | 删除资源 | — |
| Rename | 重命名资源 | — |
| Copy Path | 复制路径 | — |
| Open Scene Additive | 打开场景，与当前场景叠加 | — |
| View in Package Manager | 在包管理器中查看 | — |
| Import New Asset... | 导入新资源 | 资源包的后缀名为.unitypackage格式 |
| Import Package | 导入资源包 | — |
| Export Package... | 导出资源包 | — |
| Find References In Scene | 在场景中查找资源引用 | — |
| Select Dependencies | 选择依赖资源 | — |
| Refresh | 刷新资源 | — |
| Reimport | 重新导入资源 | — |
| Reimport All | 重新导入所有资源 | — |
| Extract From Prefab | 在预设体中提取资源 | — |
| Run API Update... | 更新API | — |
| Update UIElements Schema | 更新UXML模式文件 | — |
| Open C# Project | 在C#代码编辑器中打开项目 | — |

表2.8

| 选项英文名称 | 选项说明 |
| --- | --- |
| Folder | 用于创建文件夹，以便管理项目工程 |
| C# Script | C# 脚本 |
| Shader | 着色器 |
| Testing | Testing 相关 |
| Playables | Playables 相关 |
| Assembly Definition | Assembly Definition 相关 |
| Assembly Definition Reference | Assembly Definition Reference 相关 |
| TextMeshPro | TextMeshPro 相关 |
| Scene | 场景 |
| Prefab Variant | 预设体变种 |
| Audio Mixer | 音频混合器 |
| Material | 材质 |
| Lens Flare | 耀斑 |
| Render Texture | 渲染纹理 |
| Lightmap Parameters | 光照贴图参数 |
| Custom Render Texture | 自定义渲染纹理 |
| Sprite Atlas | 精灵图集 |
| Sprites | 精灵 |
| Animator Controller | 动画控制器 |
| Animation | 动画 |
| Animator Override Controller | 动画重载控制器 |
| Avatar Mask | Avatar 遮罩 |

## 2.1.4 GameObject（游戏对象）菜单

GameObject（游戏对象）菜单如图2.6所示，相关说明见表2.9。

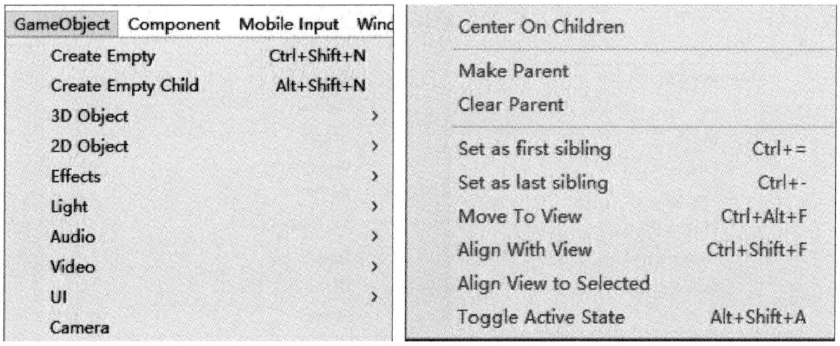

图2.6

表2.9

| 选项英文名称 | 选项中文名称 | 说明 |
|---|---|---|
| Create Empty | 创建空对象 | 快捷键 Ctrl+Shift+N |
| Create Empty Child | 创建空子对象 | 快捷键 Alt+Shift+N |
| 3D Object | 3D 对象 | — |
| 2D Object | 2D 对象 | — |
| Effects | 特效 | — |
| Light | 灯光 | — |
| Audio | 音频 | — |
| Video | 视频 | — |
| UI | 用户界面 | — |
| Camera | 摄像机 | — |
| Center On Children | 父物体归位到子物体的中心点 | — |
| Make Parent | 创建父子集 | 第一个选中的游戏对象是其他后面选中的游戏对象的父节点 |
| Clear Parent | 解除父子集 | 将选中的游戏对象从父节点中抽离出来 |
| Set as first sibling | 设置为第一个兄弟节点 | 快捷键 Ctrl+= |
| Set as last sibling | 设置为最后一个兄弟节点 | 快捷键 Ctrl+- |
| Move To View | 移动选中的对象到视图中心点 | 快捷键 Ctrl+Alt+F |
| Align With View | 移动选中的对象与视图对齐 | 快捷键 Ctrl+Shift+F |
| Align View to Selected | 移动视图与选中的对象对齐 | — |
| Toggle Active State | 切换激活状态 | 快捷键 Alt+Shift+A |

## 2.1.5 Component（组件）菜单

Component（组件）菜单如图2.7所示，相关说明见表2.10。

图2.7

表2.10

| 选项英文名称 | 选项中文名称 |
| --- | --- |
| Add... | 添加 |
| Mesh | 模型相关组件 |
| Effects | 特效相关组件 |
| Physics | 物理相关组件 |
| Physics 2D | 2D物理相关组件 |
| Navigation | 导航网格相关组件 |
| Audio | 音频相关组件 |
| Video | 视频相关组件 |
| Rendering | 渲染相关组件 |
| Tilemap | 瓦片地图相关组件 |
| Layout | 布局相关组件 |
| Playables | Playables相关组件 |
| AR | AR相关组件 |
| Miscellaneous | 其他组件 |
| Scripts | 脚本相关组件 |
| UI | 用户界面相关组件 |
| Event | 事件相关组件 |

## 2.1.6 Window（窗口）菜单

Window（窗口）菜单如图2.8所示，相关说明见表2.11。

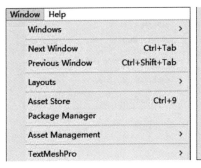

图2.8

表2.11

| 选项英文名称 | 选项中文名称 |
| --- | --- |
| Next Window | 下一个窗口 |
| Previous Window | 前一个窗口 |
| Layouts | 布局 |
| Asset Store | 资源商店 |
| Package Manager | 包管理器 |
| Asset Management | 资源管理器 |
| TextMeshPro | TextMeshPro 相关窗口 |
| General | 通用窗口 |
| Rendering | 渲染相关窗口 |
| Animation | 动画窗口 |
| Audio | 音频窗口 |
| Sequencing | 序列窗口 |
| Analysis | 分析统计窗口 |
| 2D | 2D 相关窗口 |
| AI | AI 相关窗口 |
| XR | XR 相关窗口 |
| UI | UI 相关窗口 |

## 2.1.7 Help（帮助）菜单

Help（帮助）菜单如图2.9所示，相关说明见表2.12。

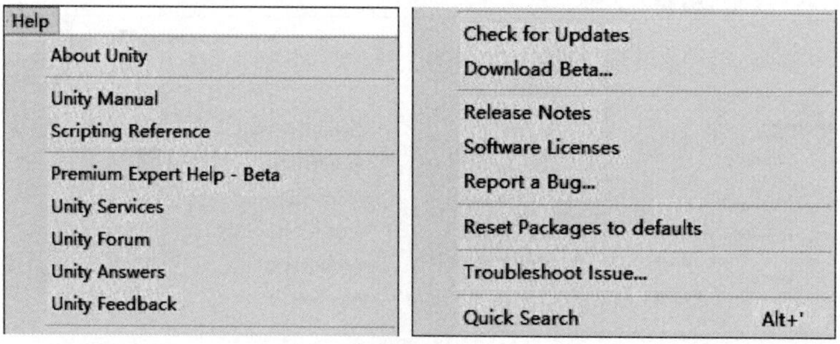

图2.9

表2.12

| 选项英文名称 | 选项中文名称 |
| --- | --- |
| About Unity | 关于Unity |

续表

| 选项英文名称 | 选项中文名称 |
| --- | --- |
| Unity Manual | Unity说明文档 |
| Scripting Reference | 脚本参考 |
| Premium Expert Help – Beta | 高级帮助-测试版 |
| Unity Services | Unity服务 |
| Unity Forum | Unity论坛 |
| Unity Answers | Unity问答 |
| Unity Feedback | Unity反馈 |
| Check for Updates | 检查更新 |
| Download Beta... | 下载Beta版本 |
| Release Notes | 发布通知 |
| Software Licenses | 软件许可 |
| Report a Bug... | 报告问题 |
| Reset Packages to defaults | 重置包为默认 |
| Troubleshoot Issue... | 问题 |
| Quick Search | 快速查找 |

## 2.2 工具栏

工具栏由变换工具、坐标系工具、播放控制工具、账号服务协作工具、Layers（分层）、Layout（布局）这六大部分组成，如图2.10所示。接下来分别介绍这六大部分。

图2.10

### 2.2.1 变换工具

变换工具的相关说明见表2.13。

表2.13

| 工具 | 名称 | 快捷键 | 说明 |
| --- | --- | --- | --- |
|  | Hand（手形）工具 | Q | 选择此工具，在Scene视图中拖动鼠标左键，可对场景视图做平移操作 |

续表

| 工具 | 名称 | 快捷键 | 说明 | |
|---|---|---|---|---|
| | Translate（平移）工具 | W | 先选中一个游戏对象，使用此工具可对其进行平移操作 | |
| | Rotate（旋转）工具 | E | 先选中一个游戏对象，使用此工具可对其进行旋转操作 | |
| | Scale（缩放）工具 | R | 先选中一个游戏对象，使用此工具可对其进行缩放操作 | |
| | Rect（矩形）工具 | T | 主要用于对2D游戏对象进行平移、旋转、缩放操作，尤其适用于UI的编辑 | |
| | 平移旋转缩放工具 | — | 对选中的游戏对象进行平移、旋转、缩放操作 | |
| | 可用的自定义编辑器工具 | — | 选中游戏对象，可对其使用自定义编辑器工具，如编辑碰撞体 | |

## 2.2.2 坐标系工具

坐标系工具的相关说明见表2.14。

表2.14

| 工具 | 说明 |
|---|---|
| Pivot | 改变游戏对象的轴心点，有两种模式：①Center为轴心点是游戏对象包围体的中心；②Pivot为使用物体自身的轴心点 |
| Local | 切换坐标系的显示模式。Global为世界坐标系；Local为自身坐标系 |
| | 开关网格对齐工具，只有将坐标系显示模式切换成Global时，才会起作用 |

## 2.2.3 播放控制工具

播放控制工具的相关说明见表2.15。

表2.15

| 工具 | 名称 | 快捷键 | 说明 |
|---|---|---|---|
| ▶ | Play（播放）工具 | Ctrl+P | 运行游戏 |
| ❚❚ | Pause（暂停）工具 | Ctrl+Shift+P | 暂停游戏 |
| ▶❙ | Step（逐帧）工具 | Ctrl+Alt+P | 逐帧运行游戏 |

## 2.2.4 账号服务协作工具

账号服务协作工具的相关说明见表2.16。

表2.16

| 工具 | 说明 |
|---|---|
| ✔ Collab ▾ | 协作 |
| ☁ | 服务 |
| Account ▾ | 账号 |

## 2.2.5 Layers（分层）

Layers（分层）的相关说明见表2.17。

表2.17

| 分层名称 | 说明 |
|---|---|
| Everything | 显示所有游戏对象 |
| Nothing | 不显示任何游戏对象 |
| Default | 显示默认的游戏对象 |
| TransparentFX | 显示透明的游戏对象 |
| Ignore Raycast | 显示忽略射线检测的游戏对象 |
| Water | 显示水对象 |

## 2.2.6 Layout（布局）

Layout（布局）用于切换视图布局。Unity预置5种布局，分别是2 by 3、4 Split、Default、Tall、Wide，用户也可以拖曳布局并保存使用，还可以进行布局删除、恢复初始设置等操作。

# 2.3 Hierarchy（层级）窗口与场景搭建

如图2.11所示，在Unity中，Hierarchy（层级）窗口是一个树形结构，展示了对象之间的父子节点组织关系。场景中的每一个物体都对应层级窗口中的一个对象，因此它们是相互关联的。在场景中添加、删除游戏对象（或在游戏中动态添加、

图2.11

删除游戏对象）时，这些游戏对象也会在 Hierarchy 窗口中显示或消失。

Hierarchy 窗口会列出当前场景中的所有游戏对象。其中一些对象是资源文件的直接实例（如 3D 模型），其他则是预设体的实例，这是构成游戏大部分内容的自定义游戏对象。

默认情况下，Hierarchy 窗口按创建顺序列出游戏对象，最新创建的游戏对象位于底部。可以通过向上、向下拖曳游戏对象，或通过使游戏对象成为"子"或"父"游戏对象来对其重新排序。

### 2.3.1 父子对象

Unity 使用一种称为父子对象的概念。创建一组游戏对象时，最顶层游戏对象或场景被称为"父游戏对象"，而在其下面分组的所有游戏对象被称为"子游戏对象"或"子项"。还可以创建嵌套的父子游戏对象（称为顶级父游戏对象的"后代"）。如图 2.12 所示，Child 和 Child 2 是 Parent 的子游戏对象。Child 3 是 Child 2 的子游戏对象，也是 Parent 的后代游戏对象。单击

图 2.12

父游戏对象的下拉箭头（位于其名称的左侧）可显示或隐藏其子项。按住 Alt 键的同时单击下拉箭头可以切换父游戏对象的所有后代游戏对象（不仅仅包括直接子游戏对象）的可见性。

### 2.3.2 设定子游戏对象

要使任何游戏对象成为另一对象的"子对象"，就将目标子游戏对象拖放到 Hierarchy 窗口中的目标父游戏对象上，如图 2.13 所示。

还可以将游戏对象拖放到其他游戏对象旁边，使这些游戏对象成为"同级"：即同一父游戏对象下的子游戏对象。将游戏对象拖到现有游戏对象的上方或下方，直到出现水平蓝线，然后将游戏对象放下，即可将其放在现有游戏对象旁边，如图 2.14 所示。

图 2.13

图 2.14

子游戏对象会继承父游戏对象的移动、旋转和缩放。

### 2.3.3 字母数字排序

Hierarchy 窗口中游戏对象的顺序可以按字母数字排序。Hierarchy 窗口的右上角会出现一个按钮，如图 2.15 所示。单击此按钮可以在 Transform 排序（默认值）或 Alphabetic 排序之间切换（若不显示此按钮，可在菜单栏中选择 Edit>Preferences，在打开的 Preferences 窗口中选中 Enable Alpha Numeric Sorting 复选框）。

图 2.15

### 2.3.4 设置游戏对象的可见性和可拾取性

Hierarchy 窗口中的场景可见性控件可用于在 Scene 视图中快速隐藏和显示游戏对象，而无须更改它们在游戏中的可见性。可见性控件旁边是场景拾取控件；拾取控件可在进行编辑时阻止或允许在 Scene 视图中选择游戏对象，如图 2.16 所示。这些控件在处理难以查看和选择特定游戏对象的大型或复杂场景时非常有用。

图2.16

### 2.3.5 多场景编辑

在 Hierarchy 窗口中可以同时打开多个场景，这样可以简化运行时场景管理，允许创建大型流媒体世界，并在协作场景编辑时改进工作流程。

# 2.4 Scene（场景）视图与场景漫游

如图 2.17 所示，在 Unity 中，Scene（场景）视图主要是对游戏对象进行编辑的可视化视图窗口。Scene 视图可用于选择和定位景物、角色、摄像机、光源和所有其他类型的游戏对象。在 Scene 视图中选择、操作和修改游戏对象是开始使用 Unity 必须掌握的一些必要技能。

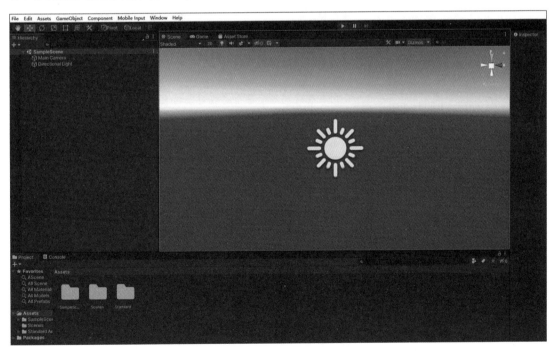

图2.17

使用 Scene 视图控制栏可以选择用于查看场景的各种选项，还可以控制是否启用光照和音频。这些控件仅在开发期间影响 Scene 视图，对构建的游戏没有影响，如图 2.18 所示。

图2.18

# 1. Draw Mode（绘制模式）菜单

第一个下拉菜单可选择用于描绘场景的绘制模式，如图2.19所示，主要的选项说明见表2.18。

图2.19

表2.18

| 绘制模式 | 选项 | 功能 |
|---|---|---|
| Shading Mode | Shaded | 纹理着色模式 |
| | Wireframe | 线框模式 |
| | Shaded Wireframe | 纹理着色和线框并存 |
| Miscellaneous | Shadow Cascades | 显示方向光阴影级联 |
| | Render Paths | 使用颜色代码显示每个游戏对象的渲染路径：蓝色表示延迟着色；绿色表示延迟光照；黄色表示前向渲染；红色表示顶点光照 |
| | Alpha Channel | Alpha 通道显示 |
| | Overdraw | 将游戏对象渲染为透明的"轮廓"。透明的颜色会累积。因此可以轻松查看物体之间交叠重绘的情况 |
| | Mipmaps | 使用颜色代码显示理想的纹理大小：红色表示纹理大于必要值（在当前距离和分辨率下），蓝色表示纹理可以更大。理想的纹理大小取决于应用程序运行时采用的分辨率及摄像机与特定表面的接近程度 |
| | Texture Streaming | 根据游戏对象在纹理串流系统中的状态，将游戏对象着色为绿色、红色或蓝色 |
| Deferred | — | 选择这些模式，可以单独查看 G 缓冲区的每个元素（Albedo、Specular、Smoothness 和 Normal） |
| Material Validation | — | 材质验证器有两种模式：Albedo 和 Metal Specular。使用这些模式可以检查基于物理的材质是否使用建议范围内的值 |

## 2. 2D、Lighting 和 Audio 开关

在 Render Mode 菜单的右侧有3个按钮，分别用于打开或关闭 Scene 视图的某些

图2.20

选项，如图2.20所示。

**2D：** 在场景的 2D 和 3D 视图之间切换。在 2D 模式下，摄像机朝向正 z 方向，x 轴指向右方，y 轴指向上方。

**Lighting：** 打开或关闭 Scene 视图的光照。

**Audio：** 打开或关闭 Scene 视图的音频。

## 3. Effects 按钮及其菜单

单击Effects按钮可打开其菜单，Effects菜单(由 Audio 按钮右侧的小山丘图标激活)具有在 Scene 视图中启用或禁用特定渲染效果的选项，如图2.21所示。

图2.21

**Skybox：** 在场景的背景中渲染的天空盒纹理。

**Fog：** 视图随着与摄像机之间的距离变远而逐渐消退到单调颜色。

**Flares：** 光源上的镜头光晕。

**Animated Materials：** 定义动画化的材质是否显示动画。

**Post Processings：** 后处理特效是否显示。

**Particle Systems：** 粒子系统是否显示。

Effects按钮本身充当一次性启用或禁用所有效果的开关。

## 4. 场景可见性开关

场景可见性开关可打开和关闭游戏对象场景可见性。在打开时，Unity 将应用场景可见性设置。关闭时，Unity 将忽略这些设置。此开关还显示场景中隐藏的游戏对象数量，如图标 🐵0 所示。

## 5. Component Editor Tools 面板开关

Component Editor Tools 面板开关可在工具栏上切换影响当前选定对象的自定义命令。工具栏出现在 Scene 视图主窗口内的某一个窗口中，如图标 🗙 所示。

## 6. 摄像机设置菜单

摄像机设置菜单包含用于配置 Scene 视图摄像机的选项，如图标 📷▼ 所示。

## 7. Gizmos 菜单

Gizmos 菜单包含用于控制对象、图标和辅助图标的显示方式的诸多选项。此菜单在 Scene 视图和 Game 视图中均可用，如图标 Gizmos ▼ 所示。

## 8. 搜索框

控制栏上最右侧的控制项是一个搜索框，可按照名称或类型来筛选 Scene 视图中的项(可使用搜索框左侧的小菜单对此进行选择)。与搜索筛选条件匹配的项集合也将显示在 Hierarchy 窗口中，如图标 🔍 All 所示。

# 2.5 Project（项目）窗口与资源管理

如图2.22所示，Project 窗口显示与项目相关的所有文件，该窗口是在应用程序中导航和查找资源及其他项目文件的主要入口。默认情况下，启动一个新项目时，此窗口将打开。然而，如果找不到该窗口或该窗口已关闭，可以通过 Window > General > Project 路径或按快捷键 Ctrl + 9 将其打开。

如图2.23所示，可以通过单击和拖曳 Project 窗口的顶部来移动该窗口。将该窗口停靠在 Editor 中，或者将其拖出 Editor 窗口，可将其用作自由浮动窗口。还可对窗口本身的布局进行更改。选择窗口右上方的上下文菜单按钮，然后选择 One Column Layout 或 Two Column Layout。Two Column Layout 有一个额外的面板，其中可以显示每个文件的可视化预览。

图2.22

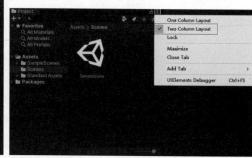

图2.23

浏览器的左侧面板将项目的文件夹结构显示为层级列表。从列表中选择文件夹时，Unity 将在右侧面板中显示其内容。可单击小三角形来展开或折叠文件夹，显示文件夹包含的任何嵌套文件夹。按住 Alt 键的同时单击，将以递归方式展开或折叠所有嵌套文件夹。

各个资源在右侧面板中显示为图标，这些图标指示了资源的类型（如脚本、材质、子文件夹等）。要调整图标的大小，可使用面板底部的滑动条；如果滑动条移动到最左侧，这些图标将替换为层级列表视图。滑动条左侧的空白位置显示当前选定项的完整文件名及路径。

左上角项目结构列表上方是 Favorites 部分，可在其中保存常用项以方便访问。可将所需项从项目结构列表拖曳到 Favorites 部分，也可在此处保存搜索查询结果。

Project 窗口上方是搜索、收藏等工具按钮，如图2.24所示，相关说明见表2.19。

图2.24

表2.19

| 工具按钮 | 说明 |
| --- | --- |
| + ▼ | 创建菜单，列出可以创建的资源类型，资源将添加到当前选定的文件夹下 |
| 🔍 | 使用搜索栏来搜索项目中的文件。可以选择在整个项目（All）、Assets、当前选择的文件夹或 Asset Store 中进行搜索 |
| 🔧 | 根据资源类型进行搜索 |
| 🏷 | 根据标签进行搜索 |
| ⊘8 | 显示隐藏包的数量，单击可以切换包的可见性 |

# 2.6 Inspector（检视）窗口与游戏组件

Unity Editor 中的项目由多个游戏对象组成，而这些游戏对象可能包含脚本、声音、网格、光源等多种组件。Inspector 窗口显示了当前所选游戏对象的详细信息，包括所有添加的组件及其属性，并允许编辑修改这些组件属性，如图2.25所示。

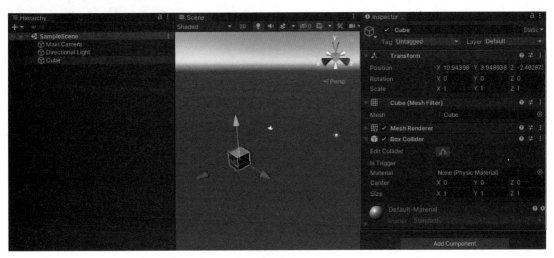

图2.25

## 2.6.1 检视游戏对象

使用 Inspector 窗口可以查看和编辑 Unity Editor 中几乎所有内容（包括物理游戏元素，如游戏对象、资源和材质）的属性和设置，以及 Editor 内的设置和偏好设置，如图2.26所示。

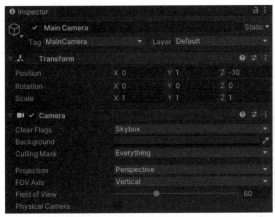

图2.26

在Hierarchy窗口或Scene视图中选择游戏对象时，Inspector窗口将显示该游戏对象的所有组件和材质的属性。使用Inspector窗口可以编辑这些组件和材质的设置。

在图2.26显示的Inspector窗口中选择了Main Camera游戏对象。除了可以编辑游戏对象的Position、Rotation和Scale值之外，还可以编辑Camera的所有属性。

## 2.6.2 检视脚本变量

当游戏对象附加了自定义脚本组件时，Inspector 窗口会显示该脚本的公共变量。可以像编辑编辑器的内置组件的设置一样将这些变量作为设置进行编辑。这意味着可以轻松地在脚本中设置参数和默认值，而无须修改任何代码，如图 2.27 所示。

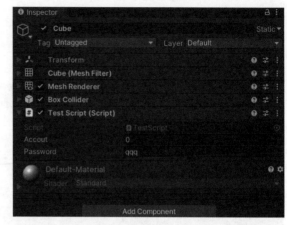

图 2.27

## 2.6.3 检视资源

在 Project 窗口中选择资源后，Inspector 窗口将显示其导入和运行时的相关设置。

每种类型的资源都有一组不同的设置。以下展示了 Inspector 窗口的一些示例，分别为材质、模型、音频、纹理资源的导入设置，如图 2.28 ~ 图 2.31 所示。

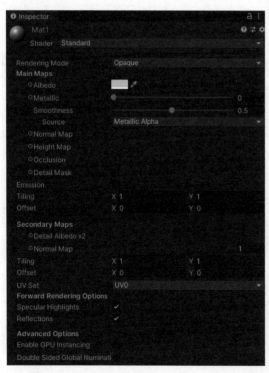

图 2.28

图 2.29

图2.30                                        图2.31

### 2.6.4 项目设置

选择任何工程设置类型(执行Editor > Project Settings)时,相关设置内容将显示在专门的Project Settings窗口中,如图2.32所示,Project Settings窗口显示了Tags and Layers 项目设置面板。

### 2.6.5 图标和标签

可为游戏对象和脚本分配自定义图标,这些图标显

图2.32

示在 Scene 视图中,此功能尤其适用于标记一些空对象的位置。除此之外,Scene视图中还有一些用来表示光源和摄像机等游戏对象的专属内置图标,如图2.33所示。

图2.33

## 2.6.6 对组件重新排序

要在 Inspector 窗口中对组件重新排序，只需将组件的标题从一个位置拖放到另一个位置即可。拖曳组件标题时，会出现蓝色插入标记。此标记显示了拖曳标题时可以将组件放置到的位置。也可右击该组件标题位置，打开上下文菜单，然后选择 Move Up（上移）或 Move Down（下移）选项进行排序，如图 2.34 所示。

注意，只能对同一个游戏对象上的各个组件进行重新排序。另外，还可以将脚本资源直接拖放到期望的位置。

选择多个游戏对象时，Inspector 窗口会显示所选的多个游戏对象共有的所有组件。要一次性重新排序所有这些共有组件，可选择多个游戏对象，然后在 Inspector 窗口中将组件拖放到新位置即可。

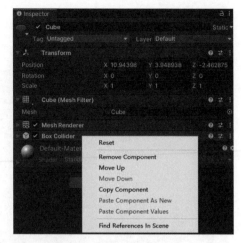

图2.34

# 2.7 Game（游戏）视图与游戏运行

图 2.35 所示为使用游戏中的摄像机渲染的游戏画面。该画面即为最终发布的游戏预览效果。需要使用一个或多个摄像机来控制玩家在游戏中看到的内容。

图2.35

## 2.7.1 播放模式

如图 2.36 所示，可使用工具栏中的按钮来控制游戏的播放及查看游戏的运行效果。在运行模式下，所做的任何更改都是暂时的，在退出游戏运行模式后将会重置。编辑器界面也会以默认变暗的方式来提醒当前正处于运行模式。

图2.36

## 2.7.2 Game 视图控制栏

图 2.37 所示为 Game 视图控制栏，具体说明见表 2.20。

图 2.37

表 2.20

| 按钮或滑动条 | 选项 | 功能 |
|---|---|---|
| Display 1~8 | — | 如果场景中有多个摄像机，可单击此下拉按钮，在列表中进行选择。默认情况下，此按钮设置为 Display 1。可以在摄像机模块中的 Target Display 下拉菜单中将显示分配给摄像机，Display 最大数量为 8 |
| Free Aspect | — | 可选择不同值来测试游戏在具有不同宽高比的显示器上的显示效果。默认情况下，此设置为 Free Aspect |
| | Low Resolution Aspect Ratios | 启用 Low Resolution Aspect Ratios 可模拟更旧显示屏的像素密度。选择宽高比后，此功能会降低 Game 视图的分辨率。Game 视图位于非 Retina 显示屏上时，此复选框始终处于启用状态 |
| | VSync (Game view only) | 启用 VSync (Game view only) 可为 Game 视图指定优先级。此选项可能会添加一些垂直同步。例如，在录制视频时可以启用此选项。Unity 会尝试以监视器刷新率渲染 Game 视图，但这一点不能保证。启用此选项后，在运行模式下最大化 Game 视图仍然很有用，可以隐藏其他视图并减少 Unity 渲染的视图数量 |
| Scale 滑动条 | — | 在 Game 视图中，游戏运行时，可通过滚动鼠标滚轮或拖曳右侧滑动条来缩放游戏画面，但在游戏未运行时仅可以通过拖曳右侧滑动条来缩放游戏画面 |
| Maximize On Play | — | 单击按钮启用／禁用：进入运行模式时，启用此按钮可使 Game 视图最大化（Editor 窗口的 100%），以便进行全屏预览 |
| Mute Audio | — | 单击按钮启用／禁用：进入运行模式时，启用此按钮可将游戏内的所有音频静音 |
| Stats | — | 单击此按钮可以切换 Statistics 统计数据的可见性，统计数据包含了有关游戏音频和图形的渲染统计信息。这对于在运行模式下监控游戏性能非常有用 |
| Gizmos | — | 单击此按钮可切换辅助图标的可见性。要在运行模式下仅查看某些类型的辅助图标，可单击 Gizmos 右侧的下拉按钮，然后仅启用要查看的辅助图标类型，此菜单在 Scene 视图和 Game 视图中均可用 |

## 2.7.3 高级选项

右击 Game 选项卡可以显示 Game 视图的高级选项，如图 2.38 所示。

**Warn if No Cameras Rendering:** 此选项默认为启用状态。如果没有摄像机渲染到屏幕，Unity 会显示警告信息。这对于诊断意外删除或禁用摄像机等问题非常有用。除非故意不使用摄像机来渲染游戏，否则应将此选项保持启用状态。

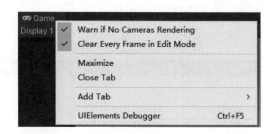

图 2.38

**Clear Every Frame in Edit Mode:** 此选项默认为启用状态。在游戏未运行时，Unity 会对每帧清除 Game 视图。这样可以防止在配置游戏时出现拖尾效果。除非在未处于运行模式时依赖于前一帧的内容，否则应将此选项保持启用状态。

# 2.8 Console（控制台）窗口与游戏日志

Console 窗口显示 Unity 生成的错误、警告和其他消息。

使用 Debug.Log、Debug.LogWarning 和 Debug.LogError 函数，可以在控制台中显示自定义的消息。

要从 Unity 的主菜单中打开控制台，可选择 Window>General>Console 路径。

控制台窗口如图 2.39 所示。

**A.** Console 窗口菜单包含了用于打开日志文件、控制列表中显示的消息数量及设置堆栈跟踪的选项。

**B.** Console 工具栏包含用于控制显示的消息数量及搜索和过滤消息的选项。

**C.** 控制台列表针对每条记录的消息显示一个条目，选择一条消息可在详细信息区域中显示其完整内容。

**D.** 详细信息区域显示所选消息的全文。

图 2.39

Console 窗口的工具栏包含用于控制显示的消息数量及搜索和过滤消息的选项，见表 2.21。

表 2.21

| 选项 | 功能 |
| --- | --- |
| Clear | 移除当前控制台内的所有消息，但会保留需要解决的编译错误 |
| Collapse | 将重复的消息折叠起来。有时在每次帧更新时会生成运行时的错误（如 null 引用），此选项在这种情况下非常有用 |
| Clear on Play | 每次运行时是否先清空控制台 |
| Clear on Build | 在构建项目时是否清空控制台 |
| Error Pause | 报错时是否暂停游戏 |

续表

| 选项 | 功能 |
|---|---|
| Editor | 打开一个下拉菜单，可进行日志及本地或远程相关的设置 |
| （消息开关） | 显示控制台中的消息数量。单击可显示/隐藏消息 |
| ⚠2（警告开关） | 显示控制台中的警告数量。单击可显示/隐藏警告 |
| ⛔3（错误开关） | 显示控制台中的错误数量。单击可显示/隐藏错误 |

# ▌2.9 本章任务：为游戏资源梳理目录结构

　　游戏中有大量不同类型的资源，为了后续开发的方便和规范，可以提前梳理好资源目录组织结构。Unity的资源在Project窗口中，所有的资源都存在于Assets目录下。可以在Assets目录下创建一个名为_Game的文件夹作为自己项目资源存放的根目录。（在Game前加一个下划线，是因为Unity会自动按照字母排序，加了下划线可以让Game目录在排序时始终显示在最上方，避免淹没在大量的文件夹中难以找到），在_Game下再创建各级资源的子目录，如Scene（存放场景资源）、Script（存放脚本）、Texture（存放纹理资源）、Sound（存放声音资源）、Video（存放视频资源）、Model（存放模型资源）、Animation（存放动画资源）、Material（存放材质资源）。另外还有一个Unity中特有的资源文件夹Resources（固定的文件夹名，注意不要拼写错误。所有需要被Resources.Load()动态加载的资源都需要放在这个文件夹下）。Resources文件夹下可以创建一个Prefab文件夹（用于存放预设体资源，后续章节会讲到）。

　　接下来可以把原来Assets\Scenes目录下的SampleScene场景拖入Assets\_Game\Scene目录下，这样原来的Assets\Scenes目录就成为空目录，然后将其删掉即可。

　　至此，Assets\_Game目录下的结构梳理完成。接着在Assets目录下再创建一个名为MiddleWare的文件夹，专门存放第三方（如Unity资源商店）的资源插件。把SampleScenes和Standard Assets文件夹直接拖到MiddleWare文件夹下。

　　这样，Assets目录下就只存在_Game和MiddleWare两个文件夹，自己的游戏资源都放在_Game下，第三方的资源都放在MiddleWare下。梳理完成的资源目录结构如图2.40所示。

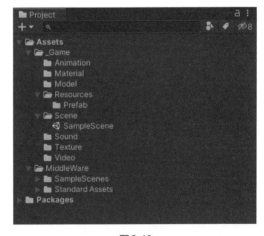

图2.40

# ▌2.10 本章小结

　　在本章中，我们认识了Unity的基础界面和操作窗口，包括菜单栏、工具栏及常用的Hierarchy、Scene、Project、Inspector、Game、Console六大操作窗口或视图，并且为游戏资源梳理了目录结构，为后续的游戏开发做好了更进一步的准备。

# 3

CHAPTER

第3章

# 搭建基础场景

## 本章学习要点

- 对象与组件
- 添加几何体
- 赋予材质
- 打灯光
- 创建自然环境

游戏场景是玩家操纵角色进行游戏的基础环境，搭建一个好的场景将可以为游戏营造良好的游玩氛围。

## 3.1 对象与组件

游戏场景中有大量的元素，在Unity中每一个构成场景的元素都可以被称为对象，本小节将介绍关于游戏对象的相关知识。在Hierarchy窗口中看到的物体和在Scene视图中看到的都是游戏对象（GameObject），如图3.1和图3.2所示。

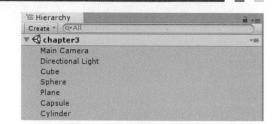

图3.1

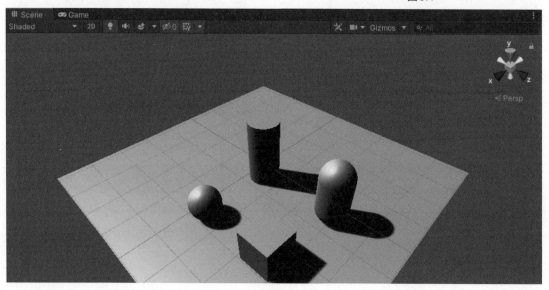

图3.2

单击任何一个游戏对象，在右侧的Inspector窗口中呈现的是游戏对象的属性和功能，而这些属性和功能统称为组件。所有的游戏对象都是由一个或多个组件来组成的，比如一个球可以有位置和大小等属性，也可以有滚动、弹跳等功能。创建游戏对象，可以从菜单栏中找到GameObject（游戏对象）菜单，然后单击将其展开，其中列出了Unity中可以创建的所有游戏对象，如图3.3所示。下面对这些游戏对象进行简要说明。

| GameObject | Component | Window | Help |
| --- | --- | --- | --- |
| Create Empty | | | Ctrl+Shift+N |
| Create Empty Child | | | Alt+Shift+N |
| 3D Object | | | > |
| 2D Object | | | > |
| Effects | | | > |
| Light | | | > |
| Audio | | | > |
| Video | | | > |
| UI | | | > |
| Camera | | | |

图3.3

**Create Empty:** 创建空的游戏对象，一般用于组织其他对象的容器。

**Create Empty Child:** 创建空的子游戏对象，类似于Create Empty，但一般作为子容器。

**3D Object:** 创建三维游戏对象，如图3.4所示。

**2D Object:** 创建二维游戏对象，如图3.5所示。

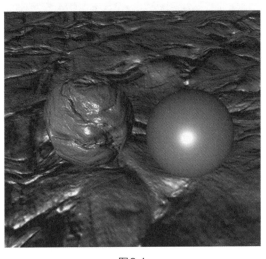

图3.4

图3.5

**Effects:** 创建特效。图3.6和图3.7所示分别为无特效和有特效的效果。

图3.6

图3.7

**Light:** 创建灯光。图3.8和图3.9所示分别为无灯光和有灯光的效果。

图3.8　　　　　　　　　　　　　　　　　　　图3.9

**Audio:** 创建音频。

**Video:** 创建视频，如图3.10所示。

**UI:** 创建用户界面，如图3.11所示。

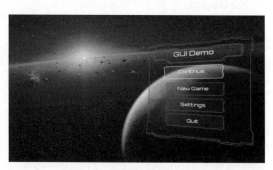

图3.10　　　　　　　　　　　　　　　　　　　图3.11

**Camera:** 创建摄像机。

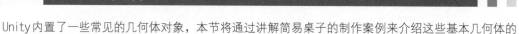

# 3.2　添加几何体

　　Unity内置了一些常见的几何体对象，本节将通过讲解简易桌子的制作案例来介绍这些基本几何体的创建及使用方法，最终效果如图3.12所示。

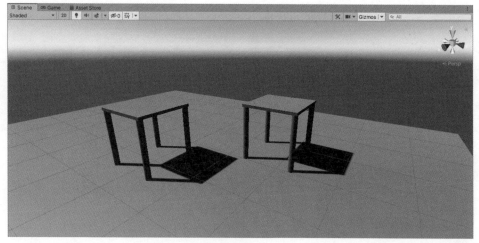

图3.12

**01** 打开默认的SampleScene场景。

在Project窗口中找到SampleScene场景，双击打开，如图3.13和图3.14所示。

**02** 在场景中创建一个平面，作为地面。

单击GameObject>3D Object>Plane命令，如图3.15和图3.16所示。

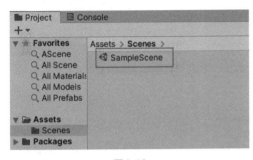

图3.13

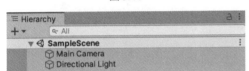

图3.14

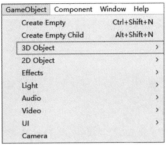

图3.15

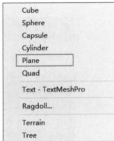

图3.16

此时场景中会出现一个平面，如图3.17所示。

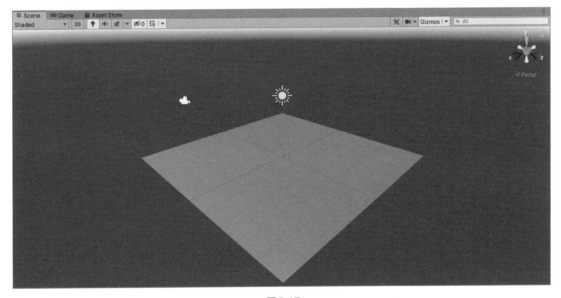

图3.17

**03** 创建1个立方体，作为桌面。

单击GameObject>3D Object>Cube命令，如图3.18和图3.19所示。

调整其组件Transform中的Position参数分别为0、1、0，Scale参数分别为1、0.05、1，如图3.20所示。 Scene视图效果如图3.21所示。

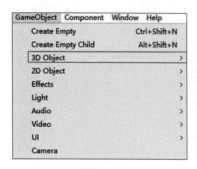

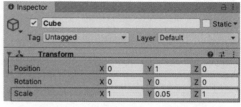

| 图3.18 | 图3.19 | 图3.20 |

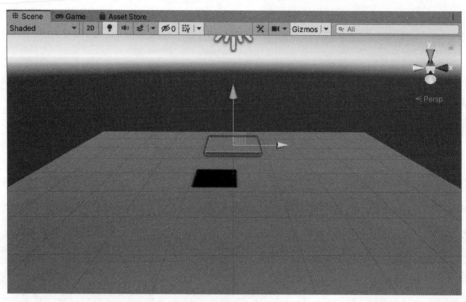

图3.21

**04** 创建圆柱体，作为桌腿。

单击 GameObject>3D Object> Cylinder 命令，如图3.22和图3.23所示。

调整其组件 Transform 中的 Position 参数分别为 -0.45、0.5、-0.45，Scale 参数分别为0.1、0.5、0.1，如图3.24所示。Scene 视图效果如图3.25所示。

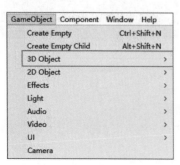

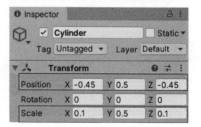

| 图3.22 | 图3.23 | 图3.24 |

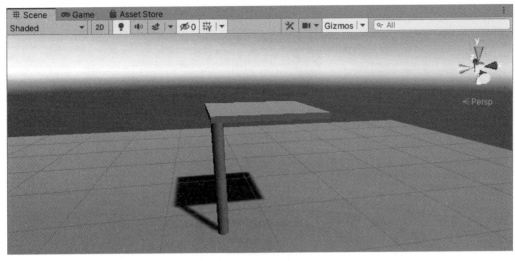

图3.25

**05** 现在已经有了一个桌腿，接下来通过复制的方法制作另外3个桌腿即可。

在Hierarchy窗口中单击刚刚创建的Cylinder对象，使用快捷键Ctrl+D复制出3个新的Cylinder对象，其默认名称分别为Cylinder（1）、Cylinder（2）、Cylinder（3），如图3.26所示。

接下来，单击选中Cylinder（1）对象，调整其组件Transform中的Position参数分别为0.45、0.5、-0.45，如图3.27所示。Scene视图效果如图3.28所示。

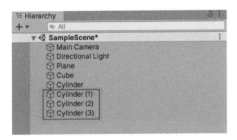

图3.26

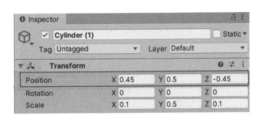

图3.27

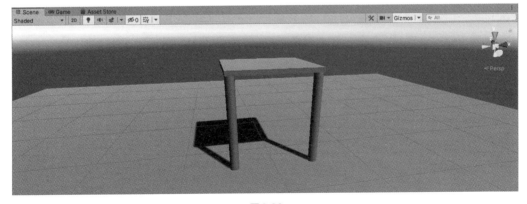

图3.28

单击选中Cylinder（2）对象，调整其组件Transform中的Position参数为0.45、0.5、0.45，如图3.29所示。Scene视图效果如图3.30所示。

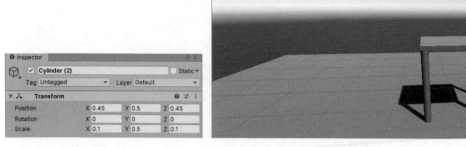

图3.29                                            图3.30

单击选中Cylinder（3）对象，调整其组件Transform中的Position参数为-0.45、0.5、0.45，如图3.31所示。Scene视图效果如图3.32所示。

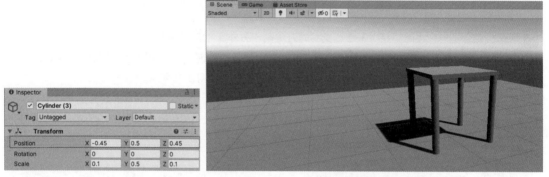

图3.31                                            图3.32

**06** 将桌子形成预设体资源，方便重复使用。

至此，桌子的模样就已经成型了。但是构成桌子的这些对象是非常零散地存在于场景中的，如图3.33所示。

这样会导致之后进行对象管理和复用等操作时非常不方便，所以需要先将其组织整理一下。单击GameObject>Create Empty命令，创建一个空的对象GameObject，然后在Inspector窗口中找到其Transform组件，将位置属性进行重置。为了方便识

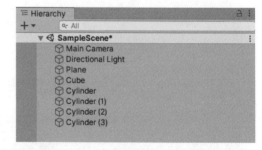

图3.33

别，在Hierarchy窗口中将其单击选中，使用快捷键F2将其重命名为zhuozi，如图3.34所示。按住Ctrl键，依次单击构成桌子的各个对象，然后释放Ctrl键，按住鼠标左键将这些对象拖曳到zhuozi对象的位置成为其子对象，这样便将它们组织成为一个整体，拖曳后的效果如图3.35所示。

接下来，为了能重复使用新构建的这个整体，在Hierarchy窗口中，单击选中zhuozi对象，如图3.36所示，并将其拖入Project窗口中的Assets文件夹下，这样就把zhuozi这个对象实例变成了一个Prefab预设体（一种资源，类似于实例对象的模板），如图3.37所示。

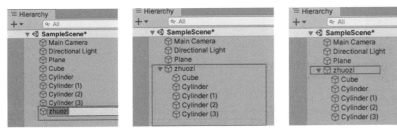
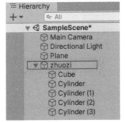
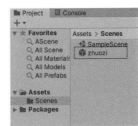

图3.34 　　　　　　　图3.35 　　　　　　　图3.36 　　　　　　　图3.37

　　把新创建的预设体资源zhuozi拖入场景窗口中，即可非常方便地创建出一张相同模样的新的桌子实例，这样在编辑场景时就能达到复用的目的了，如图3.38~图3.41所示。

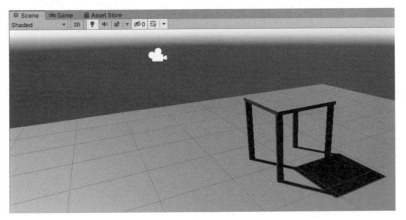

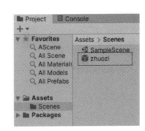

图3.38 　　　　　　　　　　　　　　　　　　　　　　　图3.39

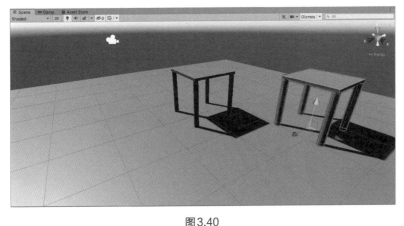

图3.40 　　　　　　　　　　　　　　　　　　　　　　　图3.41

## 动手练：使用几何体搭建林中小屋

**01** 在Project窗口中找到Assets>_Game>Scene目录下的SampleScene场景，双击打开，如图3.42所示。

**02** 使用前文所述的创建对象的方式创建一个空对象并将其命名为House，作为整个小屋的父对象，如图3.43所示。

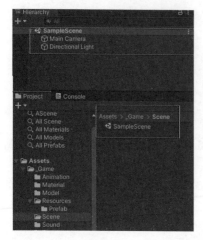

图3.42                                              图3.43

**03** 创建一个Cube作为小屋的墙体，其Transform属性及效果如图3.44所示。

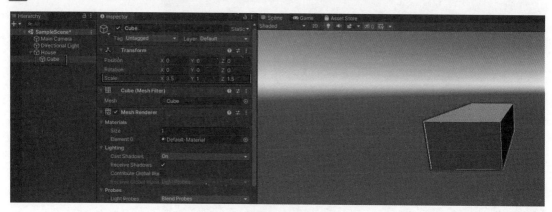

图3.44

**04** 再创建一个Cube并将其旋转作为小屋的房顶主体，其Transform属性及效果如图3.45所示。

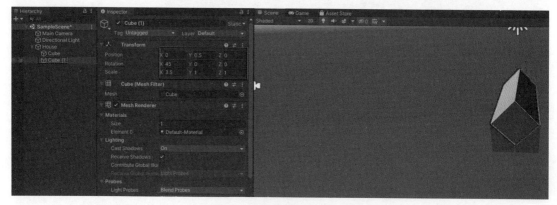

图3.45

**05** 创建一个Plane并将其旋转作为小屋倾斜的屋顶，其Transform属性及效果如图3.46所示。

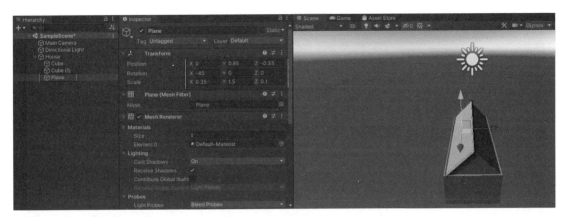

图3.46

**06** 再创建一个Plane，并旋转作为小屋另一侧倾斜的屋顶，其Transform属性及效果如图3.47所示。

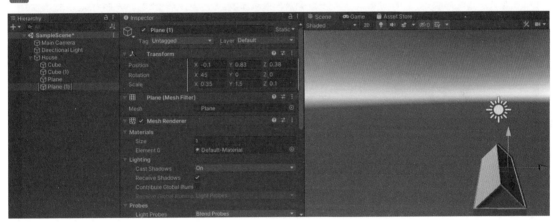

图3.47

**07** 创建一个Cylinder并将其作为小屋的柱子，其Transform属性及效果如图3.48所示。

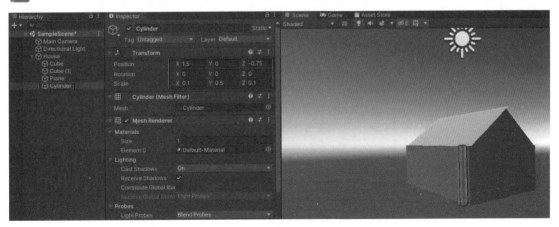

图3.48

以此类推，使用Cylinder创建出另外3根柱子，其Transform属性及效果分别如图3.49~图3.51所示。

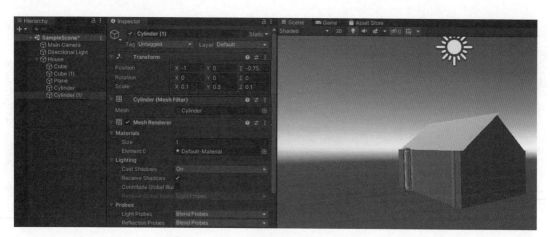

图3.49

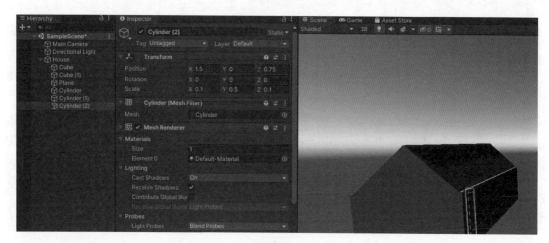

图3.50

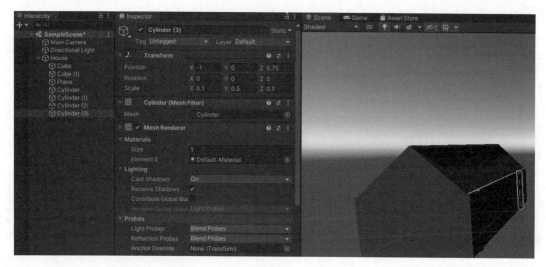

图3.51

**08** 创建3个Cube并将其作为小屋的门框，其Transform属性及效果分别如图3.52~图3.54所示。

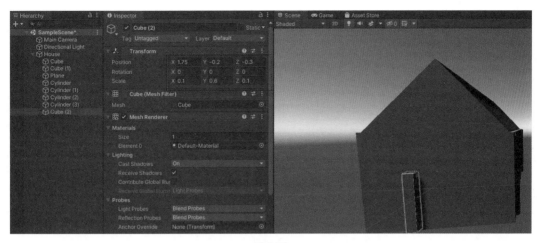

图3.52

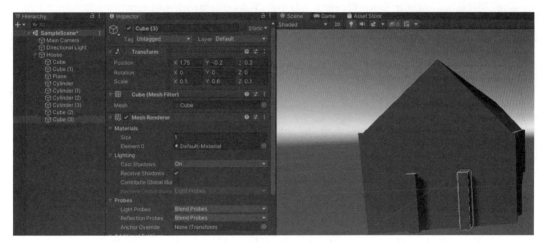

图3.53

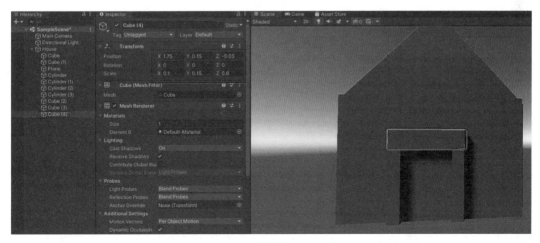

图3.54

**09** 继续创建一个Cube并将其作为小屋的门，其Transform属性及效果如图3.55所示。

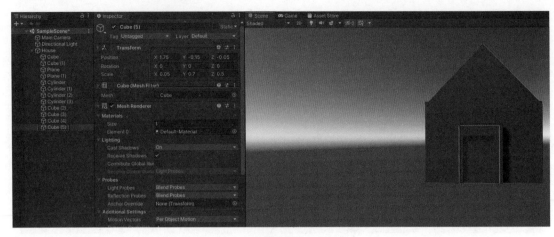

图3.55

**10** 创建一个Cylinder并将其作为小屋的烟囱,其Transform属性及效果如图3.56所示。

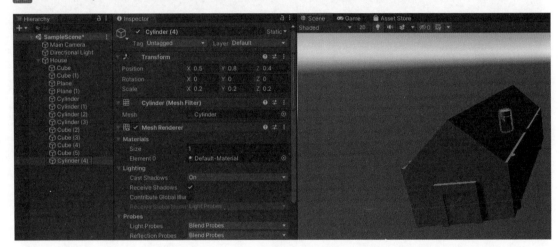

图3.56

**11** 创建3个Sphere并将其作为小屋冒出的烟,其Transform属性及效果分别如图3.57~图3.59所示。

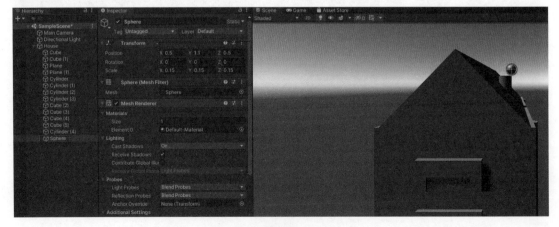

图3.57

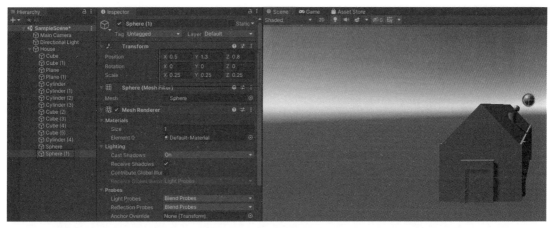

图3.58

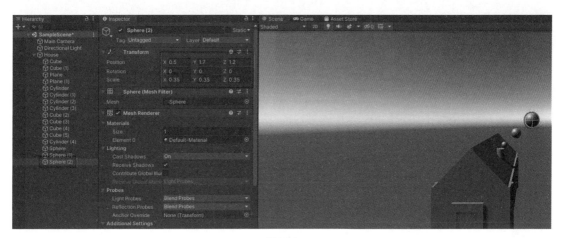

图3.59

**12** 继续创建一个Sphere并将其作为小屋的门把手，其Transform属性及效果如图3.60所示。

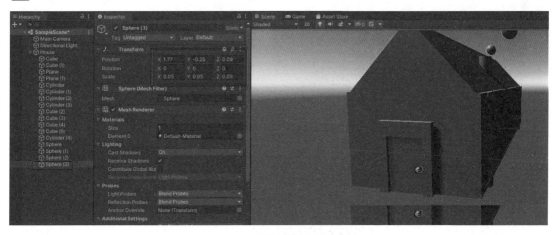

图3.60

**13** 创建3个Cube并将其作为门前的台阶，其Transform属性及效果分别如图3.61~图3.63所示。

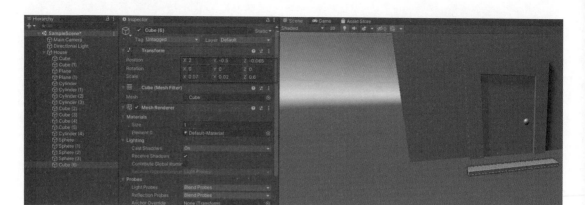

图3.61

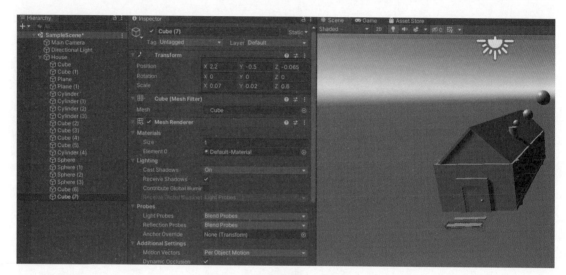

图3.62

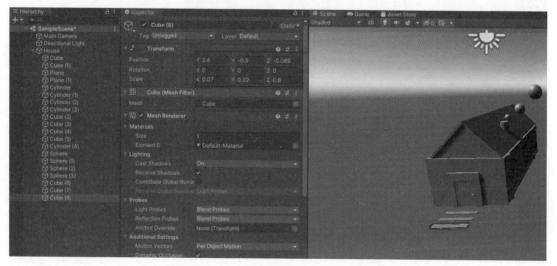

图3.63

# 3.3 赋予材质

现在桌子模型已经有了，但是没有材质，显得很不真实，所以接下来将为桌子创建并赋予材质，使其看起来更加真实。

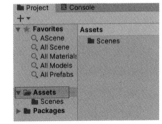

图3.64

## 1. 创建材质文件夹

在Project窗口中，选中Assets目录，在其上右击弹出下拉菜单，选择Create>Folder，单击Folder创建一个文件夹，选中New Folder文件夹，按F2键将文件夹重命名为Material，这个文件夹将用于存放创建的材质，如图3.64～图3.68所示。

  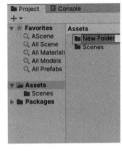 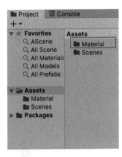

图3.65　　　　　　　图3.66　　　　　　　图3.67　　　　　　　图3.68

## 2. 创建桌子材质

双击打开Material文件夹，如图3.69所示。

在Material文件夹上或Project窗口内空白处右击弹出菜单，选择Create>Material来创建一个桌面的材质，并将其命名为DeskMat，如图3.70～图3.72所示。

 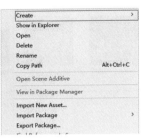  

图3.69　　　　　　　图3.70　　　　　　　图3.71　　　　　　　图3.72

## 3. 桌面材质属性

单击DeskMat材质，在Inspector窗口中可以看到其属性及材质球预览效果，如图3.73所示。

其中常用的材质属性如下。

◆ **Rendering Mode:** 渲染模式。

◆ **Albedo:** 漫反射。

◆ **Metallic:** 金属度。

○ **Smoothness:** 平滑度。

○ **Source:** 金属度数值的读取来源。

◆ **Normal Map:** 法线贴图。

◆ **Height Map:** 高度图。

◆ **Occlusion:** 遮挡贴图。

◆ **Detail Mask:** 细节遮罩。

◆ **Emission:** 自发光。

◆ **Tiling:** UV坐标的缩放倍数。

◆ **Offset:** UV坐标的起始位置偏移。

◆ **UV Set:** UV集合。

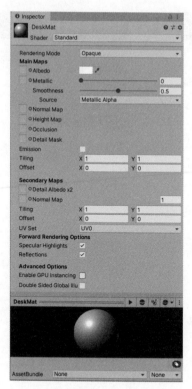

图3.73

## 4. 导入纹理贴图资源

接下来需要给桌子材质赋予纹理贴图,需要先导入用到的纹理贴图资源,分别是桌面的漫反射贴图、桌面的法线贴图、桌腿的漫反射贴图(这3张贴图可以在下载资源的Texture文件夹中找到,名字分别为Texture_textile.png、Texture_NRM.png、Wood_texture.png)。

使用前文所述的创建文件夹的方法创建一个名为Texture的文件夹,如图3.74所示。

将这3张图片拖到Texture文件夹中,即可完成导入工作,如图3.75和图3.76所示。

值得注意的是,导入之后,需要单击选中Texture_NRM.png这张纹理贴图,如图3.77所示。

在Inspector窗口中,将其Texture Type(纹理类型)属性修改为Normal map,然后单击Apply(应用)按钮即可。这样Unity将明确这种贴图是作为法线使用,如图3.78所示。

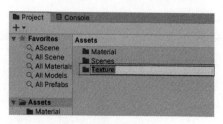

图3.74

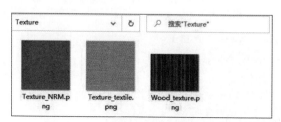

图3.75

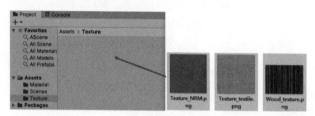

图3.76

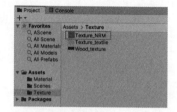

图3.77

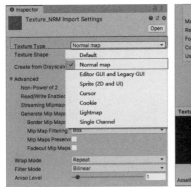
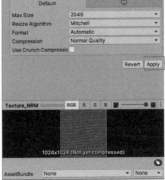

图3.78

## ⑤. 给桌面材质赋予贴图

贴图资源导入完成后，即可给DeskMat材质赋予贴图了，首先是漫反射贴图，单击选中DeskMat材质，在Inspector窗口中单击Albedo属性左侧的圆圈，如图3.79所示。

此时弹出Select Texture（纹理选择）窗口，并列出所有的纹理，双击Texture_textile即可完成赋予贴图操作，同时Select Texture窗口会自动关闭，如图3.80和图3.81所示。

用同样的方法给Normal Map属性赋予Texture_NRM法线贴图，如图3.82和图3.83所示。

图3.79

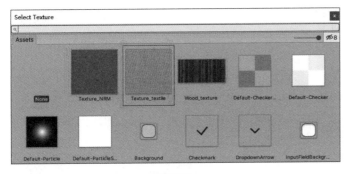

图3.80

图3.81

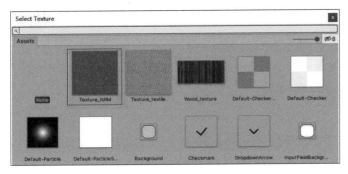

图3.82

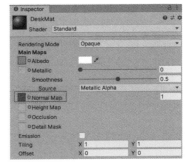

图3.83

## 6. 给桌子赋材质

在Hierarchy窗口中展开zhuozi对象并将其子对象全部选中，如图3.84所示。

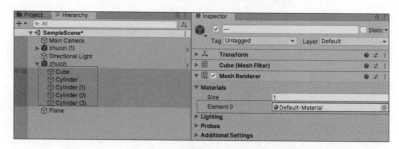

图3.84

在Inspector窗口中，将Mesh Renderer组件中的Materials下的Default-Material替换为DeskMat，如图3.85所示。

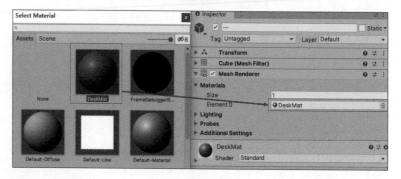

图3.85

在Hierarchy窗口中单击选中zhuozi对象，在Inspector窗口中单击Overrides，将材质修改应用到桌子预设体，如图3.86所示，即可为所有桌子赋予材质，最终效果如图3.87所示。

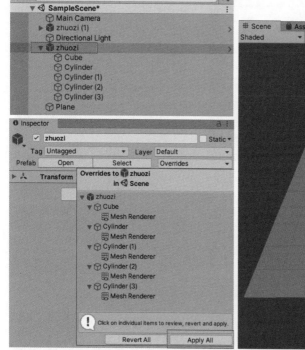

图3.86

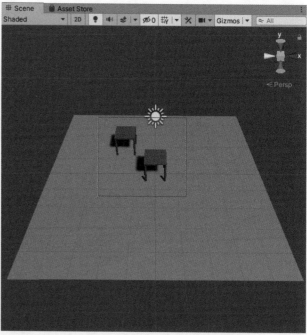

图3.87

## 动手练: 为林中小屋赋予材质

**01** 在 Project 窗口的 Assets>_Game>Material 目录中创建材质球并命名为 Mat1, 如图 3.88 所示。

**02** 单击选中 Mat1, 在 Inspector 窗口中将 Mat1 的材质颜色改为银白色, 如图 3.89 所示。

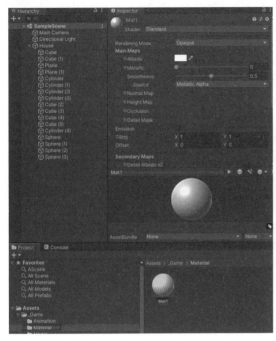

图 3.88

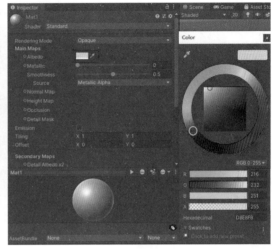

图 3.89

**03** 将 Mat1 赋予小屋的墙体, 如图 3.90 所示。

此时房屋的效果如图 3.91 所示。

图 3.90

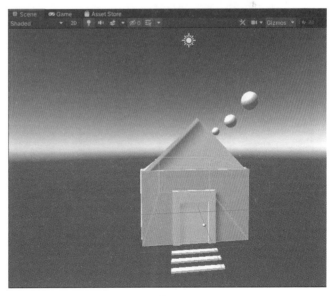

图 3.91

*04* 创建材质球并命名为Mat2，如图3.92所示。

*05* 单击选中Mat2，在Inspector窗口中将Mat2的材质颜色改为棕色，如图3.93所示。

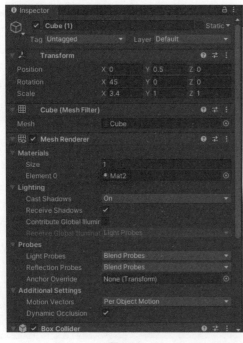

图3.92                                                          图3.93

*06* 将Mat2赋予小屋的房顶主体，如图3.94所示。
此时房顶主体的效果如图3.95所示。

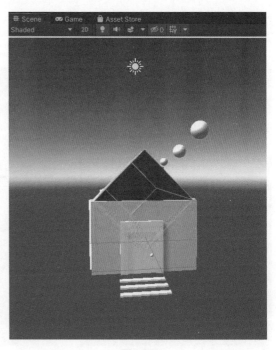

图3.94                                                          图3.95

**07** 创建材质球并命名为Mat3，如图3.96所示。

**08** 单击选中Mat3，在Inspector窗口中将Mat3的材质颜色改为红色，如图3.97所示。

图3.96                                       图3.97

**09** 将Mat3赋予小屋的屋顶两侧，如图3.98和图3.99所示。

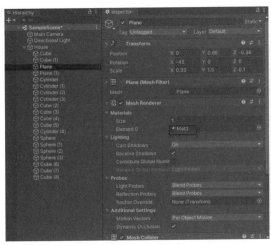

图3.98                                       图3.99

此时房屋的效果如图3.100所示。

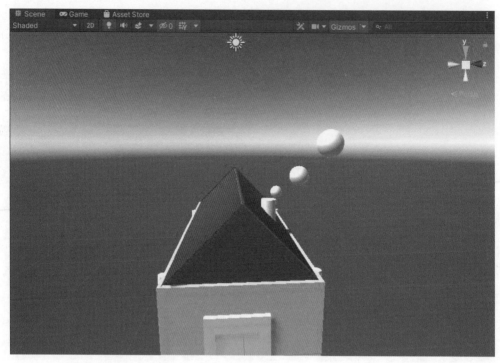

图 3.100

**10** 创建材质球并命名为 Mat4，如图 3.101 所示。

**11** 单击选中 Mat4，在 Inspector 窗口中将 Mat4 的材质颜色改为土黄色，如图 3.102 所示。

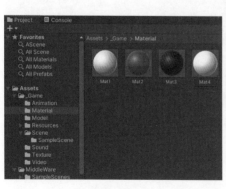

图 3.101

图 3.102

**12** 将 Mat4 赋予小屋的门框，如图 3.103~ 图 3.105 所示。
此时房屋的效果如图 3.106 所示。

图3.103

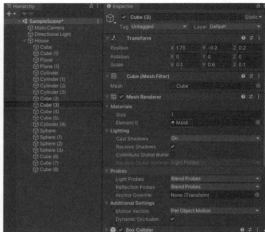

图3.104

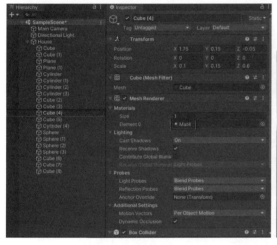

图3.105

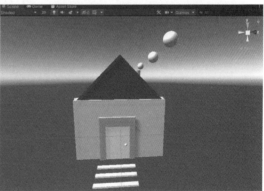

图3.106

**13** 创建材质球并命名为Mat5，如图3.107所示。

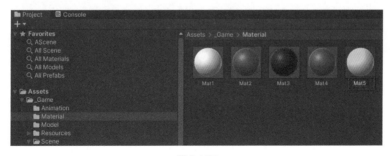

图3.107

**14** 单击选中Mat5，在Inspector窗口中将Mat5的材质颜色改为褐色，如图3.108所示。

**15** 将Mat5赋予小屋的门，如图3.109所示。

图3.108

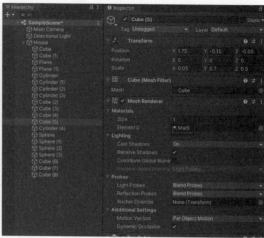

图3.109

此时房屋的效果如图3.110所示。

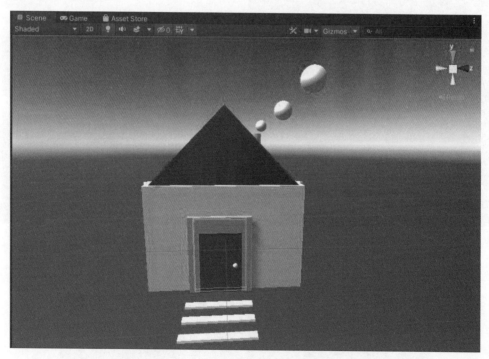

图3.110

**16** 创建材质球并命名为Mat6，如图3.111所示。

**17** 单击选中Mat6，在Inspector窗口中将Mat6的材质颜色改为暗红色，如图3.112所示。

图3.111

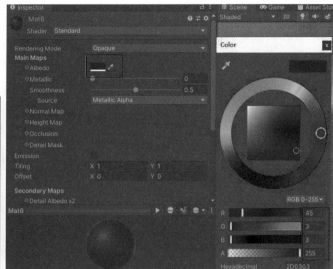

图3.112

**18** 将Mat6赋予小屋的4根柱子，如图3.113~图3.116所示。

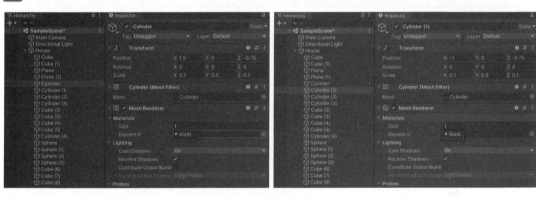

图3.113                                            图3.114

图3.115                                            图3.116

此时房屋的效果如图3.117所示。

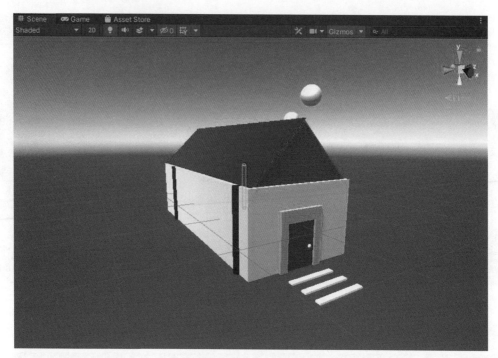

图3.117

**19** 创建材质球并命名为Mat7，如图3.118所示。

**20** 单击选中Mat7，在Inspector窗口中将Mat7的材质颜色改为褐色，如图3.119所示。

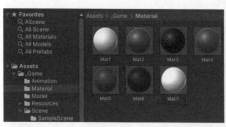

图3.118

图3.119

**21** 将Mat7赋予小屋的烟囱，如图3.120所示。

此时房屋的效果如图3.121所示。

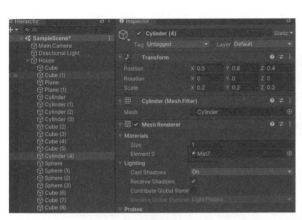

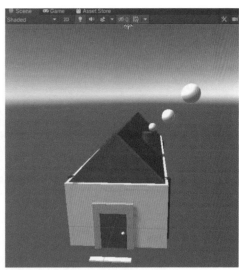

图3.120

图3.121

**22** 创建材质球并命名为Mat8，如图3.122所示。

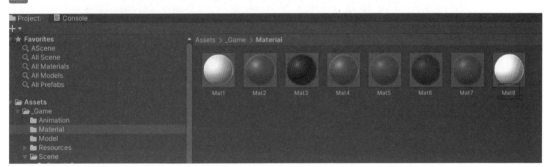

图3.122

**23** 单击选中Mat8，在Inspector窗口中将Mat8的材质颜色改为黑色，如图3.123所示。

**24** 将Mat8赋予小屋前的台阶，如图3.124~图3.126所示。

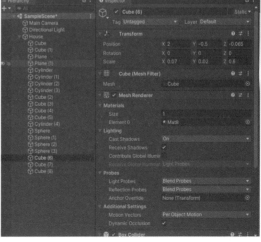

图3.123

图3.124

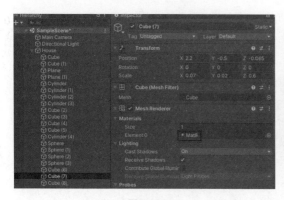
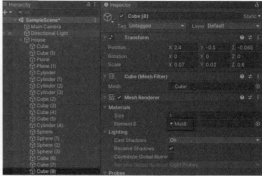

图3.125　　　　　　　　　　　　图3.126

此时房屋的效果如图3.127所示。

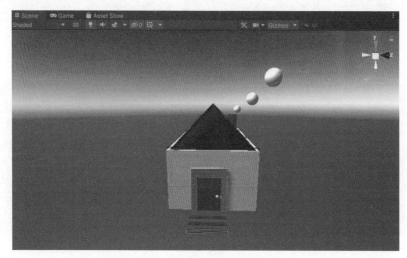

图3.127

**25** 将Mat6赋予门把手，如图3.128所示。

此时房屋的最终效果如图3.129所示。

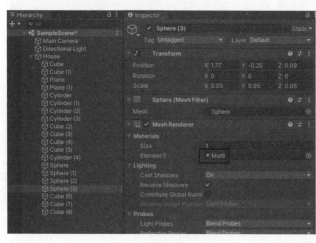

图3.128　　　　　　　　　　　　图3.129

# 3.4 打灯光

## 3.4.1 灯光简介及分类

Unity 中的灯光主要分为 4 种，分别为方向光（ Directional Light）、点光源（ Point Light）、聚光灯（ Spot Light）、面光源（ Area Light）。

### 1. 方向光

方向光对于在场景中创建诸如阳光的效果非常有用。方向光在许多方面的表现很像太阳光，可视为存在于无限远处的光源。方向光没有任何可识别的光源位置。因此光源对象可以放置在场景中的任何位置。场景中的所有对象都被照亮，就像光线始终来自同一方向一样。光源与目标对象的距离是未定义的。因此光线不会减弱，如图 3.130 所示。

方向光代表来自游戏世界范围之外位置的大型远处光源。在逼真的场景中，方向光可用于模拟太阳或月亮。在抽象的游戏世界中，要为对象添加令人信服的阴影，而无须精确指定光源的来源，方向光是一种很有用的方法，如图 3.131 所示。

图 3.130                                             图 3.131

默认情况下，每个新的 Unity 场景都包含一个方向光，且此光源已关联到 Lighting 面板的 Environment Lighting 部分定义的程序化天空系统中（Lighting > Scene > Skybox）。可以更改此设置，方法是删除默认的方向光并创建新光源，或者直接通过 "Sun" 参数（Lighting > Scene > Sun）指定不同的游戏对象。

旋转默认方向光（或 "太阳"）会导致 "天空盒" 更新。使光线与侧面成一定角度，与地面平行，便可以实现日落效果。此外，将光源指向上方会使天空变黑，就好像是夜晚一样。如果光线从上到下成一定角度，天空将像白昼。

如果选择天空盒作为环境光源，那么环境光照将根据这些颜色进行更改。

### 2. 点光源

点光源位于空间中的一个点，并在所有方向上均匀发光。光照强度随着远离光源而衰减，在到达特定距离时变为零，如图 3.132 所示。

点光源可用于模拟场景中的灯和其他局部光源。还可以用点光源逼真地模拟火花或爆炸照亮周围环境，如图 3.133 所示。

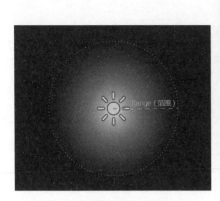

图3.132

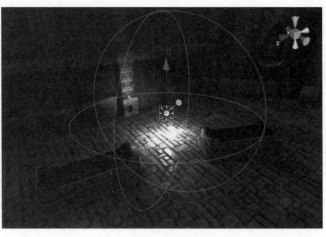

图3.133

## 3. 聚光灯

像点光源一样，聚光灯具有指定的位置和光线衰减范围。不同的是聚光灯有一个角度约束，形成锥形的光照区域。锥体的中心指向光源对象的发光 (Z) 方向，聚光灯锥体边缘的光线也会逐渐衰减，如图3.134所示。

聚光灯通常用于人造光源，如手电筒、汽车前照灯和探照灯，如图3.135所示。

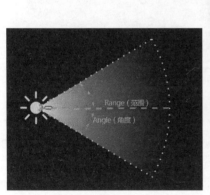

图3.134

图3.135

## 4. 面光源

面光源是通过空间中的矩形来定义的。光线在表面区域上均匀地向所有方向发射，但仅从矩形所在的面发射。无法手动控制面光源的范围，但是当远离光源时，强度将按照距离的平方呈反比衰减。由于光照计算对处理器性能消耗较大，因此面光源不可实时处理，只能烘焙到光照贴图中，如图3.136所示。

由于面光源同时从几个不同方向照亮对象。因此阴影比其他光源类型更柔和、细腻。可以使用这种光源来创建逼真的路灯或靠近玩家的一排灯光。小的面光源可以模拟较小的光源（如室内光照），但效果比点光源更逼真，如图3.137所示。

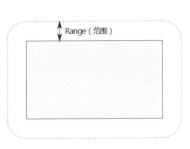

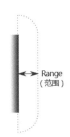

图3.136

图3.137

## 3.4.2 灯光运用及属性

光源在 Unity 中非常容易使用，只需创建所需类型的光源（例如，执行GameObject > Light > Point Light命令进行创建），并将其放置在场景中的所需处。如果启用 Scene 视图光照（工具栏上的"太阳"按钮），可在移动光源对象并设置其参数时预览光照效果，如图3.138所示。

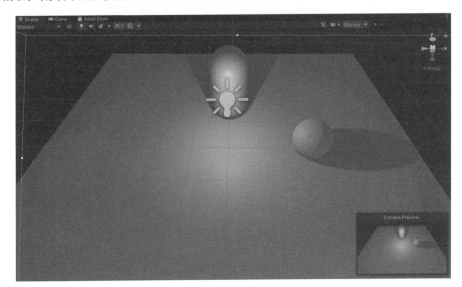

图3.138

灯光创建之后，可以选中灯光对象，在 Inspector 窗口中设置其属性，如图3.139所示。

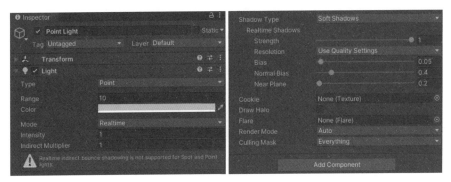

图3.139

灯光的属性可以分为三大部分，分别为光源相关设置、阴影相关设置、其他特殊设置，分别见表3.1~表3.3所示。

表3.1

| 属性 | 功能 |
| --- | --- |
| Type | 当前的光源类型。可选类型为 Directional、Point、Spot 和 Area |
| Range | 定义从对象中心发出的光线的行进距离（仅限点光源和聚光灯） |
| Spot Angle | 定义聚光灯锥形底部的角度（以度为单位，仅限聚光灯） |
| Color | 使用拾色器来设置发光的颜色 |
| Mode | 指定光源模式。可选模式为 Realtime（实时光照，光源不参与烘焙）、Baked（烘焙光照，表示光源只在烘焙时使用）、Mixed（混合光照） |
| Intensity | 设置光源的亮度。方向光的默认值为0.5。点光源、聚光灯或面光源的默认值为1 |
| Indirect Multiplier | 使用此值可改变间接光的强度。如果将 Indirect Multiplier 设置为低于1的值，每次反弹都会使散射光变得更暗。大于1的值使光线在每次弹射之后更明亮。例如，将阴暗处的阴暗面（如洞穴内部）变亮到能够清晰可见，这个非常有用。如果要使用实时全局光照，但是希望限制单一实时光源以便它只发出直射光，可将其 Indirect Multiplier 设置为0 |

表3.2

| 属性 | 功能 |
| --- | --- |
| Shadow Type | 决定此光源投射硬阴影、软阴影还是根本不投射阴影。硬阴影（Hard Shadows）会产生锐边的阴影。与软阴影（Soft Shadows）相比，硬阴影不是特别逼真，但涉及的处理工作较少，并且在许多使用场合中是可接受的。此外，软阴影往往还会减少阴影贴图中的"块状"锯齿效果 |
| Baked Shadow Angle | 此属性将为阴影边缘添加一些人工柔化，使其看起来更自然 |
| Strength | 使用滑动条来控制此光源所投射阴影的暗度（以0和1之间的值表示）。默认情况下，此值设置为1 |
| Resolution | 控制阴影贴图的渲染分辨率。较高的分辨率会增加阴影的保真度，但需要更多的GPU时间和内存使用量 |
| Bias | 使用滑动条来控制阴影偏离光源的距离（定义为0到2之间的值）。这可用于避免错误的自阴影瑕疵。默认情况下，该值设置为0.05 |
| Normal Bias | 使用滑动条来控制阴影投射面沿着表面法线收缩的距离（定义为0到3之间的值）。这可用于避免错误的自阴影瑕疵。默认情况下，该值设置为0.4 |
| Near Plane | 使用滑动条来控制渲染阴影时近裁剪面的值，定义为介于0.1和10之间的值。此值被限制为光源的Range属性的0.1个单位或1%（以较低者为准）。默认情况下，该值设置为0.2 |

表3.3

| 属性 | 功能 |
|------|------|
| Cookie | 指定用于投射阴影的纹理遮罩(例如,为光源创建轮廓或图案光照) |
| Draw Halo | 勾选此复选框可绘制直径等于Range值的光源的球形光环(Halo)。还可以使用 Halo 组件来实现此效果 |
| Flare | 如果设置光晕在光源位置渲染,可将资源置于此字段中以用作其源 |
| Render Mode | 使用此下拉选单来设置所选光源的渲染优先级。这会影响光照保真度和性能。<br>Auto:在运行时确定渲染方法,具体取决于附近光源的亮度和当前的 Quality 设置。<br>Important:光源始终以像素质量为单位进行渲染。Important 模式仅用于最显著的视觉效果(例如,玩家汽车的前照灯)。<br>Not Important:光源以快速、顶点/对象模式进行渲染 |
| Culling Mask | 使用此属性可选择性排除对象组,使其不受光源影响 |

## 动手练:为林中小屋添加动态光影

**01** 创建空对象并命名为Light,将Directional Light拖入Light中作为其子对象,其效果如图3.140所示。

**02** 选中Light后,单击GameObject>Light>Point Light,如图3.141所示。

 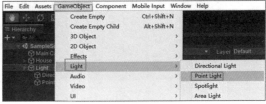

图3.140                                    图3.141

**03** 将Point Light的Range改为1.5,Intensity改为10,Shadow Type设置为Soft Shadows,Color改为蓝色(0,0,255),Transform组件的Position的X值改为-2,如图3.142所示,Scene视图效果如图3.143所示。

 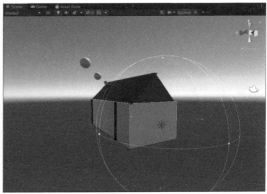

图3.142                                    图3.143

*04* 选中 Light 后单击 GameObject> Light> Spotlight，如图3.144所示。

*05* 将 Spot Light 的 Range 改为4.5，Intensity 改为10，Shadow Type 选择为 Soft Shadows，Spot Angle 改为50，将 Color 改为绿色（0，255，0），如图3.145所示，Scene 视图效果如图3.146所示。

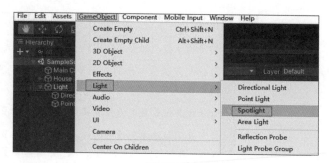

图3.144

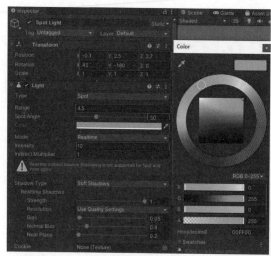

图3.145

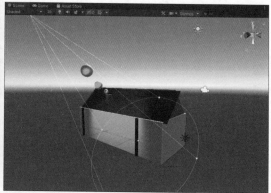

图3.146

## 3.4.3 灯光烘焙及光照探针

在上一小节中，添加了平行光、点光、聚光。至于面光，使用这种方式是不能实时产生效果的，因为面光需要进行烘焙之后才能产生效果。所谓烘焙就是预先进行灯光效果的计算，并把计算结果信息存储到光照贴图（LightMap）中，再将其应用于场景。这样既能保证光影效果，又避免了光影实时计算带来的性能损耗，从而让游戏能够更流畅地运行。

然而，烘焙带来的一个问题是其效果是静态的，无法随场景情况动态变化。例如，游戏中使用烘焙灯光来实现路灯照射地面的昏黄光影的效果，如果运行时有玩家角色从路灯下走过，就不会像动态光影那样实时产生变化。为了解决这一问题，Unity 提供了光照探针（Light Probe Group）的技术，既能烘焙静态光影，又能实时跟随场景中的动态物体产生类似实时光影的效果。

要将光照探针置于场景中，必须使用已附加 Light Probe Group 组件的游戏对象，如图3.147所示。可执行 Component>Rendering>Light Probe Group 添加 Light Probe Group 组件。

可将 Light Probe Group 组件添加到场景中的任何游戏对象。但是，最好创建一个新的空游戏对象（执行 GameObject > Create Empty），然后将该组件添加到这个游戏对象，从而降低误将该组件从项目中移除的可能性。

图3.147

Light Probe Group 组件的相关属性见表3.4。

表3.4

| 属性 | 功能 |
|---|---|
| Edit Light Probes | 要更改 Light Probe Group，可单击 Edit Light Probes 按钮以启用编辑。此时只允许移动和编辑光照探针即可 |
| Show Wireframe | 启用此属性后，Scene 视图中会显示 Light Probe Group 的线框。禁用后，仅显示光照探针点，而不显示连接这些点的线框 |
| Remove Ringing | 启用此属性后，Unity 会自动从场景中消除光照探针振铃。在某些情况下，光照探针会出现一种称为"振铃"的不良行为。当光照探针周围的光线存在显著差异时，通常会发生这种情况。例如，如果光照探针的一侧有明亮的光线，而另一侧没有光线，则光强会在背面"过冲"。这种过冲会在背面产生光斑，如图3.148所示 |
| Selected Probe Position | 此属性提供场景中所选光照探针的 $x$、$y$ 和 $z$ 坐标。此属性为只读 |
| Add Probe | 单击此按钮可向 Light Probe Group 中添加光照探针 |
| Select All | 单击此按钮选择 Light Probe Group 中的所有光照探针 |
| Delete Selected | 单击此按钮可从 Light Probe Group 中删除所选的光照探针 |
| Duplicate Selected | 单击此按钮复制所选的光照探针 |

图3.148

## 动手练：为林中小屋烘焙灯光氛围

**01** 选中 Light 后单击 GameObject>Light>Area Light 选项，如图3.149所示。

**02** 将 Area Light 的 Range 改为1，Height 改为1.5，Intensity 改为5，Indirect Multiplier 改为0，Color 改为红色（255，0，0），如图3.150所示。Scene视图效果如图3.151所示。

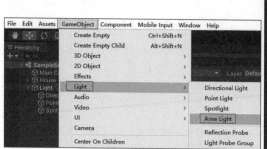

图3.149

图3.150

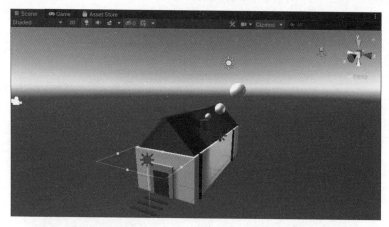

图3.151

此时的Area Light是没有效果的，若使其产生效果，则需要完成以下两步。

①单击House，在Inspector中选中Static左侧的复选框，由于House下有子物体，所以此时会弹出确认对话框，询问是否将House下的子物体也改为静态，需要单击Yes，change children（是的，改变子物体）按钮，如图3.152所示。

图3.152

②选中Light后单击Window>Rendering>Lighting Settings，如图3.153所示。

**03** 在弹出的Lighting页面中单击Generate Lighting，此时在编辑器右下方的状态栏会显示烘焙进度，如图3.154和图3.155所示。

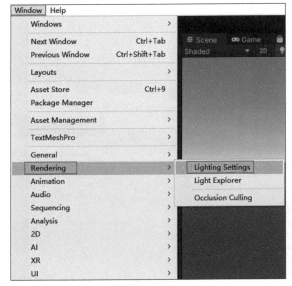

图3.153

图3.154

图3.155

此时便可以看到Area Light产生的效果，如图3.156所示。

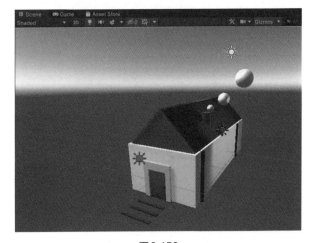

图3.156

**04** 选中Light后单击GameObject>Light>Light Probe Group，如图3.157所示。

**05** 将Transform组件的Position的X、Y、Z值分别改为2.69、0、0，如图3.158所示。Scene视图效果如图3.159所示。

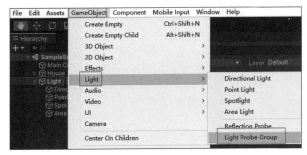

图3.157

图3.158

**06** 单击 GameObject>3D Object>Capsule，如图 3.160 所示。

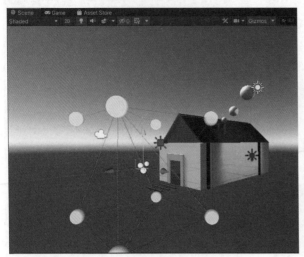

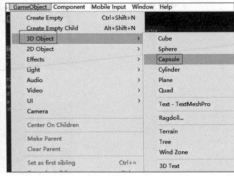

图 3.159 图 3.160

**07** 将 Capsule 的 Transform 组件的 Position 的 X、Y、Z 值分别改为 5、0、0，如图 3.161 所示，Scene 视图效果如图 3.162 所示。

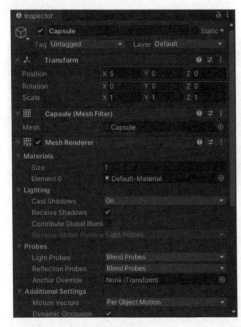

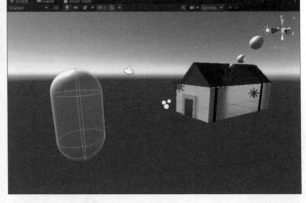

图 3.161 图 3.162

此时若把 Capsule 移动到红色灯光范围内，则 Capsule 也将变成红色，如图 3.163 所示。

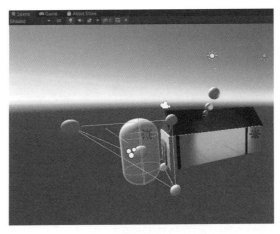

图3.163

## 3.5 创建自然环境

　　游戏中有很多室外场景，这就需要创建自然环境，Unity提供了多种工具来创建环境特征，如地形、树、风、草、细节物体、水、雾、天空等，如图3.164所示。

图3.164

### 3.5.1 地形

　　在游戏的室外场景中，往往都会有地形。地形有多种创建方式，但最常用的是使用笔刷来创建地形。Unity Editor包含一组内置的地形(Terrain)功能，可用于向游戏中添加景观。在编辑器中，可以创建多个地形块，调整景观的高度或外观，并为景观添加树或草。在运行时，Unity会优化内置的地形渲染以提高效率。

#### 1. 创建和编辑地形

　　要在场景中添加地形(Terrain)游戏对象，可单击GameObject > 3D Object > Terrain。此过程也会在

Project 视图中添加相应的地形资源。执行此操作时，景观最初是一个大型平坦的平面。地形的 Inspector 窗口提供了许多工具，可使用这些工具创建细节化的景观特征，如图 3.165 所示。

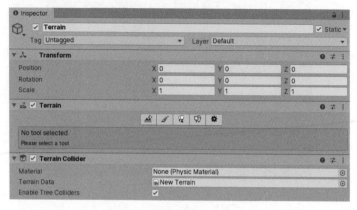

图 3.165

在 Inspector 窗口中，地形编辑工具栏提供了 5 个选项来调整地形，如下所示。

◆ 🏔 创建相邻的地形块。

◆ 🖌 雕刻和绘制地形。

◆ 🌳 添加树。

◆ 🌿 添加草、花和岩石等细节。

◆ ⚙ 更改所选地形的常规设置。

## 2. 创建相邻地形块

Create Neighbor Terrains 工具用于快速创建自动连接的相邻地形块。在 Terrain Inspector 中，单击 Create Neighbor Terrains 按钮，如图 3.166 所示。

选择此工具时，Unity 会突出显示所选地形块周围的区域，指示可以在哪些空间内放置新连接的地形块，如图 3.167 所示。

图 3.166

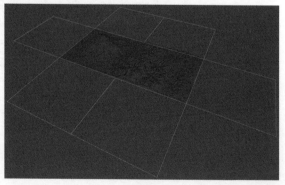

图 3.167

选中 Fill Heightmap Using Neighbors 复选框可使用相邻地形块的高度贴图交叉混合来填充新地形块的高度贴图，从而确保新地形块边缘的高度与相邻地形块匹配。

从 Fill Heightmap Address Mode 下拉列表中选择一个属性以确定如何对相邻地形块的高度贴图进行交叉混合，其属性见表 3.5。

表3.5

| 属性 | 描述 |
|------|------|
| Clamp | Unity在相邻地形块（与新地形块共享边框）边缘上的高度之间执行交叉混合。每个地形块最多包含4个相邻地形块：顶部、底部、左侧和右侧。如果4个相邻空间都没有地形块，则沿着该相应边框的高度将设为0 |
| Mirror | Unity会为每个相邻地形块生成镜像，并对这些地形块的高度贴图进行交叉混合，以生成新地形块的高度贴图。如果4个相邻空间都没有地形块，则该特定地形块位置的高度将设为0 |

要创建新的地形块，可单击现有地形块旁的任何可用空间。编辑器会在与所选地形相同的组中创建新的地形块，并复制其连接到的地形块的设置。此外还会创建新的TerrainData（地形数据）资源。

## 3. 地形工具

要访问地形绘制工具，可单击Hierarchy窗口中的Terrain对象，然后打开Inspector窗口。在Inspector窗口中，单击Paint Terrain（画笔）按钮即可显示地形工具列表，如图3.168所示。

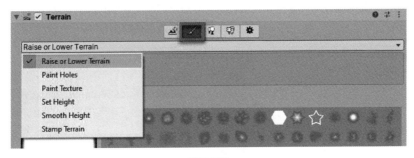

图3.168

Terrain组件提供了6种不同的工具。

**Raise or Lower Terrain:** 使用画笔工具绘制高度贴图。

**Paint Holes:** 挖洞，可隐藏地形的某些部分。

**Paint Texture:** 应用表面纹理。

**Set Height:** 将高度贴图调整为特定值。

**Smooth Height:** 平滑高度贴图以柔化地形特征。

**Stamp Terrain:** 在当前高度贴图之上标记画笔形状。

### （1）Raise or Lower Terrain

使用Raise or Lower Terrain工具可改变地形区块的高度。

要访问该工具，可单击Paint Terrain按钮，然后在下拉列表中选择Raise or Lower Terrain工具。从面板中选择画笔，然后单击并在地形对象上拖曳光标以提高其高度。在按住Shift键的同时单击并拖曳可降低地形高度，如图3.169所示。

使用Brush Size滑动条可控制工具的大小以创建从大山到微小细节的不同效果。Opacity滑动条可确定将画笔应用于地形时的强度。Opacity的值为100表示将画笔设置为全强度，而值为50则将画笔设置为半强度。

使用不同的画笔可创建各种效果。例如，可使用软边画笔增加高度，创建连绵起伏的山丘，然后使用硬边画笔降低一些区域的高度，切割出陡峭的悬崖和山谷，如图3.170所示。

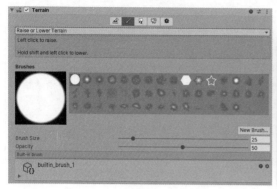

图3.169

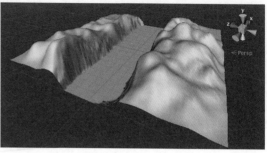

图3.170

## （2）Paint Holes

使用 Paint Holes 工具可隐藏地形的某些部分。此工具可用于在地形中绘制地层（如洞穴和悬崖）的开口。

要使用该工具，可单击 Paint Terrain 按钮，然后从下拉列表中选择 Paint Holes 工具，如图3.171所示。

要绘制孔洞，可在地形上单击并拖曳光标。在按住 Shift 键的同时单击并拖曳可从地形中抹去孔洞。使用 Brush Size 滑动条可控制工具的大小。Opacity 滑动条可确定将画笔应用于地形时的强度，如图3.172所示。

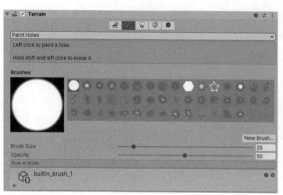

图3.171

图3.172

Unity 在内部使用纹理来定义地形表面的不透明度遮罩。使用 Paint Holes 工具在地形上进行绘制时，该工具会修改此纹理。因此，仅当使用的地形材质根据该遮罩来裁剪或丢弃纹素时，绘制的任何孔洞才可见。

使用此工具绘制时，可能会在绘制的孔洞周围看到锯齿状边缘，因此制作洞穴时，可以选择使用其他几何体（如岩石网格）来隐藏该孔洞的锯齿边缘。

地形孔洞可使用光照、物理和导航网格（NavMesh）烘焙。Unity 会在绘制孔洞的区域中丢弃地形信息以确保光照、地形碰撞体和烘焙导航网格的准确性。

## （3）Paint Texture

使用 Paint Texture 工具可将纹理（如草、雪或沙）添加到地形。允许直接在地形上绘制平铺纹理的区域。在 Terrain Inspector 中，单击 Paint Terrain 按钮，然后从地形工具列表中选择 Paint Texture 工具，如图3.173所示。

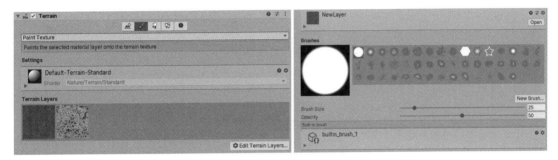

图3.173

要配置该工具，必须先单击Edit Terrain Layers按钮以添加地形图层。添加的第一个地形图层将使用配置的纹理填充地形，可添加多个地形图层，但是，每个地块支持的地形图层数取决于具体渲染管线。

选择要用于绘制的画笔。画笔是基于纹理（用于定义画笔的形状）的资源。从内置画笔中进行选择或创建自己的画笔，然后调整画笔的Brush Size（画刷大小）和Opacity（应用效果的强度）。

最后，在Scene视图中，单击并在地形上拖曳光标来创建平铺纹理的区域。可在区块边界上进行绘制，使相邻区域进行混合并具有自然逼真的外观。但需要注意，地形系统会将选定的地形图层添加到绘制的任何地形，因此可能会影响上述性能。

## （4）Set Height

使用Set Height工具可将地形上某个区域的高度调整为特定值。要访问该工具，可单击Paint Terrain按钮，然后从下拉列表中选择Set Height工具，如图3.174所示。

使用Set Height工具进行绘制时，当前高于目标高度的地形区域会降低，而低于该高度的区域会升高。Set Height工具可用于在场景中创建平坦的水平区域。例如，高原或人造特征（如道路、平台和台阶）。

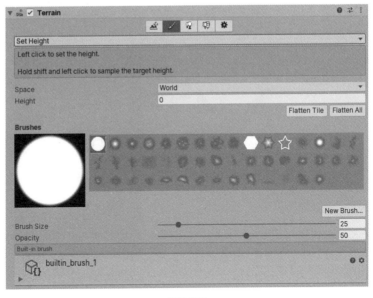

图3.174

可从Space下拉列表中选择一个属性，以便指定高度偏移是相对于World还是Local空间，见表3.6。

表3.6

| 属性 | 描述 |
| --- | --- |
| World | 选择此选项可将高度偏移设置为Height字段中输入的值。但是，需要注意，Set Height工具无法将地形降低至低于其变换位置Y坐标，即使输入的值小于Y坐标的情况下也是如此 |

续表

| 属性 | 描述 |
|------|------|
| Local | 选择此选项可设置相对于地形的高度偏移。例如，如果在 Height 字段中输入 100，则高度偏移量是地形的变换位置 $Y$ 坐标与 100 之和（terrain.transform.position.y+100）。输入的 Height 值必须是从 0 到地形设置中的 Terrain Height 之间的值 |

在 Height 字段中输入数值，或使用 Height 属性滑动条来手动设置高度，或按 Shift 键并单击地形在光标位置采样高度，类似于在图像编辑器中使用"吸管"工具的方式。

如果单击 Height 字段下的 Flatten Tile 按钮，整个地形块都将调整到指定的高度。这对于设置凸起的地平面很有用。例如，如果希望景观包括地平线上方的山丘和下方的山谷，便可使用此功能。如果单击 Flatten All 按钮，场景中的所有地形块都将调平。

Brush Size 值确定要使用的画笔的大小，而 Opacity 值确定待绘制区域的高度达到设定目标高度的速度。

## （5）Smooth Height

Smooth Height 工具可以平滑高度贴图并柔化地形特征。在 Terrain Inspector 中，单击 Paint Terrain 按钮，然后从地形工具列表中选择 Smooth Height 工具，如图 3.175 所示。

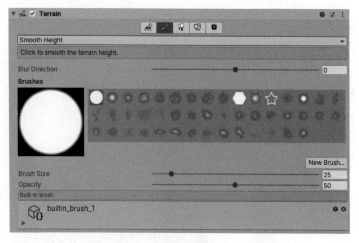

图 3.175

Smooth Height 工具可以将附近区域平均化，柔化景观，并减少突然出现的变化；不会显著升高或降低地形高度。使用包含高频图案的画笔进行绘制后，平滑特别有用。这些画笔图案往往会将尖锐的锯齿状边缘引入景观中，但可用 Smooth Height 工具使这些粗糙外观柔化。

调整 Blur Direction 值以控制要柔化的区域。如果将 Blur Direction 设置为 -1，则该工具会柔化地形的外部（凸出）边缘。如果将 Blur Direction 设置为 1，则该工具会柔化地形的内部（凹入）边缘。若要均匀平滑地形的所有部分，可将 Blur Direction 设置为 0。

Brush Size 值确定要使用的画笔的大小，而 Opacity 值确定该工具对要绘制的区域进行平滑的速度。

## （6）Stamp Terrain

使用 Stamp Terrain 工具可在当前高度贴图之上标记画笔形状。在 Terrain Inspector 中，单击 Paint Terrain 按钮，然后从下拉列表中选择 Stamp Terrain 工具，如图 3.176 所示。

如果一个纹理表示具有特定地质特征（如山丘）的高度贴图，然后需要使用该纹理创建自定义画笔，则 Stamp Terrain 将会有用。

使用 Stamp Terrain 工具可以选择现有画笔并只需单击即可应用画笔。每次单击都会以所选画笔的形状将地形升高到设置的 Stamp Height。要将 Stamp Height 乘以一个百分比，可移动 Opacity 滑动条以更改其值。例如，Stamp Height 为 200 且 Opacity 为 50% 时，每个标记的高度设置为 100。

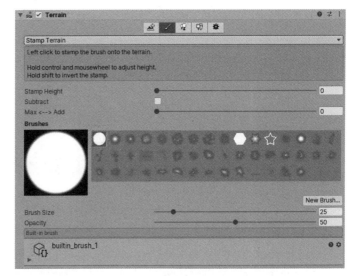

图 3.176

Max<-->Add 滑动条可选择是最大高度，还是将标记的高度添加到地形的当前高度。

◆ 如果将 Max<-->Add 值设置为 0，然后在地形上做标记，则 Unity 会将标记的高度与标记区域的当前高度进行比较，并将最终高度设置为二者中较高的值。

◆ 如果将 Max<-->Add 值设置为 1，然后在地形上做标记，则 Unity 会将标记的高度与标记区域的当前高度相加。因此最终高度设置为两个值之和。

选中 Subtract 复选框，可从标记区域的现有高度中减去应用于地形的所有标记的高度。需要注意，仅当 Max<-->Add 值大于 0 时，如将 Max<-->Add 值设置为 1，Subtract 才有效。如果标记高度超过标记区域的当前高度，则系统会将高度调为 0。

## ④. 树

可使用类似于绘制高度贴图和纹理的方式在地形上绘制树。然而，树是从表面生长的 3D 对象实体。Unity 使用优化（比如针对远处树的公告牌）来保持良好的渲染性能。这意味着可以实现绘制出茂密森林（拥有数以千计的树），而仍然保持可接受的帧率，如图 3.177 所示。

图 3.177

工具栏上的 Paint Trees 工具可用于绘制树，如图 3.178 所示。

地形最初没有可用的树原型。为了开始在地形上绘制，需要添加树原型。单击 Edit Trees 按钮，然后选择 Add Tree。在此处，可从项目中选择树资源（SPM 格式的 SpeedTree），并将其添加为树预制件，以便与画笔结合使用，如图 3.179 所示。

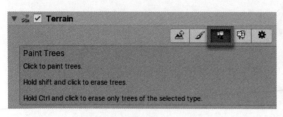

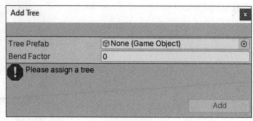

图 3.178　　　　　　　　　　　　　　　　　　图 3.179

配置 Settings 中的设置（如下文所述）后，可以按照与绘制纹理或高度贴图相同的方法在地形上绘制树。若要从区域中移除树，可在绘制时按住 Shift 键。若要仅移除当前选定的树类型，可在绘制时按住 Ctrl 键。

选择要放置的树之后，可调整其设置以便自定义树的位置和特征，如图 3.180 所示，可调整的相关属性见表 3.7。

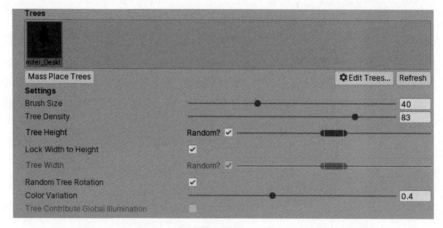

图 3.180

表 3.7

| 属性 | 功能 |
| --- | --- |
| Mass Place Trees | 创建并批量放置一大片树，之后仍然可以使用绘制功能来添加或移除树，从而创建更密集或更稀疏的区域 |
| Brush Size | 控制可添加树的区域的大小 |
| Tree Density | Tree Density（树的密度）控制 Brush Size 定义的区域中绘制的树的平均数量 |
| Tree Height | 使用滑动条来控制树的最小高度和最大高度。将滑动条向左拖曳则绘制矮树，向右拖曳则绘制高树。如果取消选中 Random 复选框，可以将所有新树的确切高度比例指定为 0.01 到 2 的范围内 |

续表

| 属性 | 功能 |
|---|---|
| Lock Width to Height | 默认情况下，树宽度与其高度锁定，因此始终会均匀缩放树。然而，可以禁用 Lock Width to Height 选项，然后单独指定宽度 |
| Tree Width | 如果树宽度未与其高度锁定，则可以使用滑动条来控制树的最小宽度和最大宽度。将滑动条向左拖曳则绘制细树，向右拖曳则绘制粗树。如果取消选中 Random 复选框，可以将所有新树的确切宽度比例指定为 0.01 到 2 的范围内 |
| Random Tree Rotation | 树的旋转随机，可使用此设置来帮助创建随机自然的森林效果，而不是人工种植的完全相同的树。如果要以相同的固定旋转来放置树，可取消选中此选项 |
| Color Variation | 应用于树的随机着色量 |
| Tree Contribute Global Illumination | 控制树是否影响全局光照计算 |

## 5. 风

要在地形和粒子系统上创建风的效果，可使用 Wind Zone 组件添加一个或多个游戏对象。风区内的树会以逼真的动画弯曲，而风本身以脉冲方式移动，从而在树之间营造自然的运动模式。

要直接创建风区游戏对象，可选择 Unity 的顶部菜单，然后选择 GameObject>3D Object>Wind Zone。也可将 Wind Zone 组件添加到场景中任何游戏对象（执行 Component>Miscellaneous>Wind Zone）。Inspector 窗口中提供了许多风区的设置来控制其行为，如图 3.181 所示，相关说明见表 3.8。

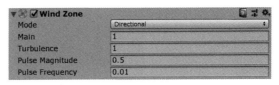

图 3.181

将 Mode 设置为 Directional 或 Spherical。在 Directional 模式下，风立刻影响整个地形，这对于创建树木的自然运动等效果非常有用。在 Spherical 模式下，风在 Radius 属性定义的球体内向外吹，这对于创建爆炸气流等特殊效果非常有用。

Main 属性决定了风的整体强度，但可使用 Turbulence 带来一些随机变化。

风以脉冲方式吹过树，从而产生更自然的效果。可使用 Pulse Magnitude 控制脉冲强度，并使用 Pulse Frequency 设置脉冲之间的时间间隔。

表 3.8

| 属性 | 功能 |
|---|---|
| Mode | 模式，具体介绍如下。<br>Spherical：风区仅在半径内有效果，并且从中心向边缘衰减。<br>Directional：风区在一个方向上影响整个场景 |
| Main | 施加到受风区影响的所有对象上的主风力 |
| Turbulence | 该值表示风的噪声，值越大，风向的变化越大 |

续表

| 属性 | 功能 |
|---|---|
| Pulse Magnitude | 定义风脉冲强度系数 |
| Pulse Frequency | 定义风脉冲长度和频率 |

## 6. 草和其他细节

地形上可能有草丛和其他小对象（如岩石）覆盖在其表面上。Unity使用纹理四边形或完整网格渲染这些对象，具体取决于需要的细节级别和性能，如图3.182所示。

要启用草和细节绘制，可单击工具栏上的Paint Details按钮，如图3.183所示。

图3.182

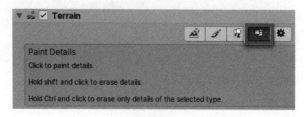

图3.183

最初，地形没有可用的草或细节。在Inspector窗口中，单击Edit Details按钮可显示带有Add Grass Texture和Add Detail Mesh选项的菜单。单击任一选项将弹出一个窗口，在其中可以选择要添加到地形以便进行绘制的资源。对于草，弹出的窗口如图3.184所示。

Detail Texture表示草的纹理。可以从Asset Store下载纹理，也可以创建自己的纹理。纹理是一个小图像，图像中的空白区域的Alpha设置为0。需要注意，这里的"草"（Grass）是一个通用术语；纹理可以表示花朵或人造物体（如铁丝网）。

Min Width、Max Width、Min Height和Max Height的值可指定生成的草丛的大小上限和下限。为了创建逼真的外观，草是以随机"噪点"图案生成的，有裸露斑块散布在草地上。

Unity使用柏林噪声（Perlin Noise）算法生成噪点；Noise Spread是指在地形上的$x$、$y$位置与噪点图像之间应用的缩放。通常认为，交替的草地斑块处于中心位置比处于边缘位置更"健康"，而Healthy Color和Dry Color中设置的颜色表示草丛的健康状态。

最后，当启用Billboard选项时，草的图像将旋转，因此它们将始终面向摄像机。当希望显示密集的草地时，此选项很有用，因为草丛是二维的，不能从侧面看到。然而，对于稀疏的草，草丛个体的旋转对于观察者来说可能会变得很明显，产生奇怪的效果。

对于细节网格，如岩石，窗口如图3.185所示。

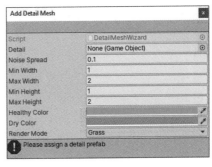

图3.184          图3.185

使用Add Detail Mesh可从项目中选择预制件。Unity在Min Width和Max Width值及Min Height和Max Height值之间对其随机缩放。Unity对x轴和z轴使用宽度缩放，而对y轴使用高度缩放。Noise Spread、Healthy Color和Dry Color值的作用与它们对草的作用相同。

可将Render Mode设置为Vertex Lit或Grass。在Vertex Lit模式中，Unity将细节对象渲染为场景中的实体顶点光照游戏对象。在Grass模式中，Unity以类似草的方式使用光照渲染场景中细节对象的实例。

## 7. 地形设置

在包含5个按钮的工具栏上，最后一个工具是设置工具。在Inspector窗口中，单击Terrain Settings按钮，可以显示Terrain Settings窗口。

Basic Terrain相关设置如图3.186所示，相关说明见表3.9。

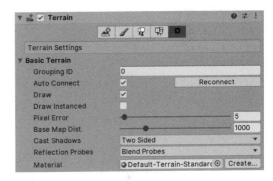

图3.186

表3.9

| 属性 | 子属性/属性值 | 功能 |
|---|---|---|
| Grouping ID | — | Auto Connect 功能的分组 ID |
| Auto Connect | — | 选中此复选框可自动将当前地形区块连接到具有相同Grouping ID的相邻区块 |
| | Reconnect | 在极少情况下，如果更改Grouping ID，或者为一个或多个地块禁用Auto Connect，则可能会丢失地形块之间的连接。要重新创建地形块之间的连接，可单击Reconnect按钮。仅当两个相邻的地形块具有相同的Grouping ID及两个地形块都启用了Auto Connect的情况下，Reconnect才会连接这两个地形块 |
| Draw | — | 选中此复选框可启用地形渲染 |
| Draw Instanced | — | 开关地形的实例化渲染 |

续表

| 属性 | 子属性/属性值 | 功能 |
|---|---|---|
| Pixel Error | — | 地形贴图（如高度贴图和纹理）与生成的地形之间的映射精度。值越高表示精度越低，但渲染开销也越低 |
| Base Map Dist. | — | Unity以全分辨率显示地形纹理的最大距离。超过此距离后，系统将使用较低分辨率的合成图像来提高效率 |
| Cast Shadows | — | 使用此属性来定义地形如何将阴影投射到场景中的其他对象上 |
| | Off | 地形不会投射阴影 |
| | On | 地形会投射阴影 |
| | Two Sided | 从地形任意一侧投射双面阴影 |
| | Shadows Only | 地形的阴影可见，但地形本身不可见 |
| Reflection Probes | — | 使用此属性可设置Unity在地形上使用反射探针的方式 |

Tree & Detail Objects相关设置如图3.187所示，相关说明见表3.10。

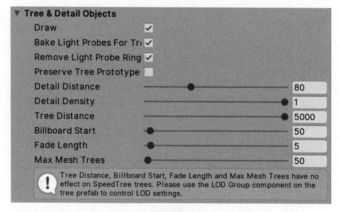

图3.187

表3.10

| 属性 | 功能 |
|---|---|
| Draw | 选中此复选框可绘制树、草和细节 |
| Bake Light Probes For Trees | 如果选中此复选框，Unity将在每棵树的位置创建内部光照探针，并将它们应用于树渲染器以便渲染光照。这些探针是内部探针，不会影响场景中的其他渲染器 |
| Remove Light Probe Ringing | 如果选中此复选框，Unity将消除可见的过冲（通常在受强光照射影响的游戏对象上表现为振铃） |
| Preserve Tree Prototype Layers | 如果希望树实例采用其原型预制件的层值而非地形游戏对象的层值，可选中此复选框 |
| Detail Distance | 超过此距离（相对于摄像机）将剔除细节 |

续表

| 属性 | 功能 |
|---|---|
| Detail Density | 给定单位面积内的细节/草对象数量。将此值设置得较低可以减少渲染开销 |
| Tree Distance | 超过此距离（相对于摄像机）将剔除树 |
| Billboard Start | 位于此距离（相对于摄像机）的 3D 树对象将由公告牌图像取代 |
| Fade Length | 树在 3D 对象和公告牌之间过渡的距离 |
| Max Mesh Trees | 表示为实体3D网格的可见树的最大数量。超出此限制时，树将被公告牌取代 |

Wind Settings for Grass相关设置如图3.188所示，相关说明见表3.11。

Wind Settings for Grass (On Terrain Data)
Speed
0.5
Size
0.5
Bending
0.5
Grass Tint

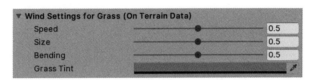

图3.188

表3.11

| 属性 | 功能 |
|---|---|
| Speed | 风吹过草时的速度 |
| Size | 风吹过草地时出现的波纹大小 |
| Bending | 草对象被风吹弯的程度 |
| Grass Tint | 应用于草对象的整体颜色色调 |

Mesh Resolution相关设置如图3.189所示，相关说明见表3.12。

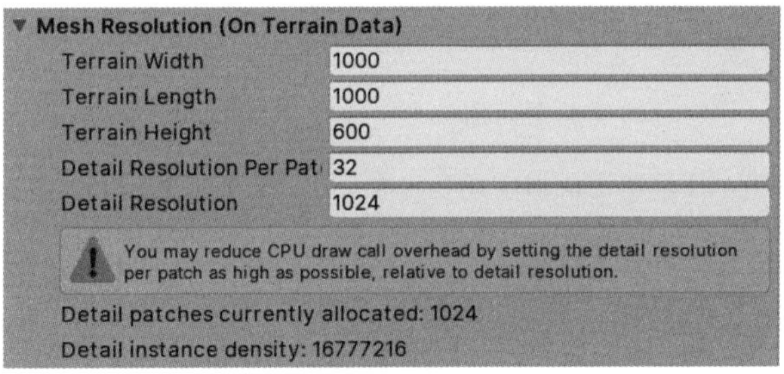

Mesh Resolution (On Terrain Data)
Terrain Width
1000
Terrain Length
1000
Terrain Height
600
Detail Resolution Per Pat
32
Detail Resolution
1024
You may reduce CPU draw call overhead by setting the detail resolution per patch as high as possible, relative to detail resolution.
Detail patches currently allocated: 1024
Detail instance density: 16777216

图3.189

表3.12

| 属性 | 功能 |
|---|---|
| Terrain Width | 地形游戏对象在 $x$ 轴上的大小（以世界单位表示） |
| Terrain Length | 地形游戏对象在 $z$ 轴上的大小（以世界单位表示） |
| Terrain Height | 最低可能高度贴图值与最高值之间的 $y$ 坐标差异（以世界单位表示） |

续表

| 属性 | 功能 |
|------|------|
| Detail Resolution Per Patch | 每个斑块的细节分辨率，较大的值将减少细节对象使用的批次数 |
| Detail Resolution | Unity会把Terrain栅格化，Detail Resolution指定了格子的划分粒度：这个值越大精度越高，同时需要的内存也越大 |

Holes Settings相关设置如图3.190所示，相关说明见表3.13。

图3.190

表3.13

| 属性 | 功能 |
|------|------|
| Compress Holes Texture | 选中此复选框，在运行期间，Unity会在播放器中将Terrain Holes Texture压缩为DXT1图形格式。如果不选中此复选框，则Unity不会压缩纹理 |

Texture Resolutions相关设置如图3.191所示，相关说明见表3.14。

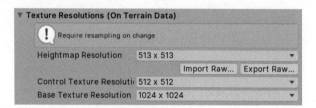

图3.191

表3.14

| 属性 | 功能 |
|------|------|
| Heightmap Resolution | 地形高度贴图的像素分辨率，此值必须是2的幂再加1，如513，即512 + 1 |
| Control Texture Resolution | 控制不同地形纹理之间混合的"泼溅贴图"（Splatmap）的分辨率 |
| Base Texture Resolution | 在地形上使用的复合纹理从大于Basemap Distance的距离查看时的分辨率 |

Require resampling on change表示更改Texture Resolutions下的属性时，编辑器会将地形块的内容调整为指定的新大小，这可能会影响内容的质量。

Import Raw和Export Raw按钮允许将地形的高度贴图设置或保存为RAW灰度格式的图像文件。可在第三方地形编辑工具（如Bryce）中创建RAW格式文件，然后可在Photoshop中打开、编辑和保存这些文件。因此可在Unity之外以复杂的方式生成和编辑地形。

Lighting相关设置如图3.192所示，相关说明见表3.15。

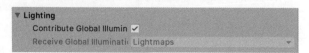

图3.192

表3.15

| 属性 | 功能 |
|---|---|
| Contribute Global Illumination | 选中此复选框可向Unity指示地形影响全局光照计算。启用此属性时，将显示Lightmapping属性 |
| Receive Global Illumination | 只有启用了Contribute Global Illumination属性后，才能配置此选项。如果未启用Contribute Global Illumination属性，则地形会注册为非静态，并从光照探针接收全局光照 |

Lightmapping相关设置如图3.193所示，相关说明见表3.16。

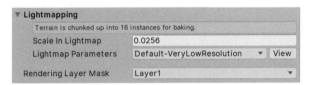

图3.193

表3.16

| 属性 | 功能 |
|---|---|
| Scale In Lightmap | 指定对象的UV在光照贴图中的相对大小。如果将此值设置为零，则对象不进行光照贴图，但仍然会影响场景中其他对象的光照。大于1.0的值会增加用于此游戏对象的像素数（光照贴图分辨率），而小于1.0的值会减小该像素数 |
| Lightmap Parameters | 调整高级参数，这些参数会影响使用全局光照为对象生成光照贴图的过程 |
| Rendering Layer Mask | 确定该地形所在的渲染层 |

Terrain Collider相关设置如图3.194所示，相关说明见表3.17。

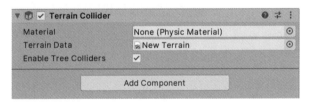

图3.194

表3.17

| 属性 | 功能 |
|---|---|
| Material | 对物理材质的引用，可确定该地形的碰撞体与场景中其他碰撞体之间的交互方式 |
| Terrain Data | 存储高度贴图、地形纹理、细节网格和树的TerrainData资源 |
| Enable Tree Colliders | 选中此复选框可启用树碰撞体 |

## 3.5.2 水

在自然环境中，水的渲染也是比较常用且重要的，水的效果图如图3.195所示。水的类型主要可以分

为平静的湖水和起伏的海水，还可以分为水上效果和水下效果。涉及的部分效果包括水波纹扰动、反射、

折射、水刻蚀、边缘融合、海岸波浪泡沫、水面高光、水下雾化/体积光、水的深度等。水效果的实现原理相对复杂，属于高级主题，然而Unity的Standard Assets标准资源包中提供了几种现成的水效果，有基本水效果，也有高级水效果，有的适合白天，有的适合夜晚，有的适合平静的池塘、河流、湖水，有的适合起伏的海水，根据需要直接将对应的预设体拖入场景中使用即可。

图3.195

### 3.5.3 雾

在游戏中，使用雾效可以营造氛围，还可以通过隐藏一些远处的物体来提升渲染效率。在远离我们视野的地方，雾效可以使物体看起来像被蒙上了某种颜色（通常是灰色）。雾效的实现原理比较容易理解，即根据物体距离摄像机的远近，混合雾的颜色和物体本身的颜色即可，如图3.196所示。

图3.196

在Unity中，可以进行雾效的模拟。只需执行Window>Rendering>Lighting Settings，在窗口最下方的Other Settings中找到Fog选项，Fog用于设置在场景中启用或禁用雾效，选中后即可进行雾效的开关与设置，Fog相关属性见表3.18。

表3.18

| 相关属性 | | | 功能 |
| --- | --- | --- | --- |
| Color | — | — | 使用拾色器设置Unity用于在场景中绘制雾的颜色 |
| Mode | — | | 定义雾化效果随着与摄像机距离变化而积累的方式 |
| | Linear | — | 雾效强度随着距离线性增加 |
| | | Start | 设置在距离摄像机多远时开始雾效 |
| | | End | 设置在距离摄像机多远时雾效完全遮挡场景游戏对象 |

续表

| 相关属性 | | | 功能 |
|---|---|---|---|
| Mode | Exponential | — | 雾效强度随着距离呈指数增加 |
| | | Density | 用于控制雾效的强度，雾效随着Density增加而显示为更强 |
| | Exponential Squared | — | 雾效强度随着距离更快速增加（指数和平方） |
| | | Density | 用于控制雾效的强度。雾效随着Density增加而显示为更强 |

## 3.5.4 天空

天空是摄像机在渲染帧之前绘制的一种背景类型。此类型的背景对于3D游戏和应用程序非常有用，因为它可以提供深度感，使环境看上去比实际大小大得多。天空本身可以包含任何对象（如云、山脉、建筑物和其他无法触及的对象）以营造遥远三维环境的感觉。Unity还可以将天空用于在场景中产生真实的环境光照，如图3.197所示。

图3.197

在Unity中，默认创建的场景中自带一个天空，若需修改天空，只需执行Window>Rendering>Lighting Settings，在窗口最上方Environment模块下找到Skybox Material，更换天空材质即可。

### 动手练：为林中小屋搭建自然环境

**01** 创建一个Terrain，其过程如图3.198所示。

**02** 改变Terrain中的Transform的Position值分别为-250、-0.5、-250，单击第5个设置按钮，改变Terrain的长与宽，如图3.199所示。

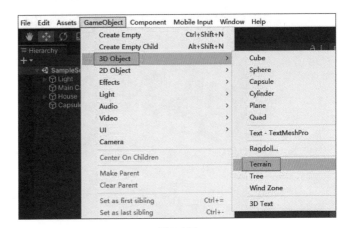

图3.198

图3.199

**03** 单击第2个设置按钮，单击Paint Texture，选择Raise or Lower Terrain，在Scene中拔高地平面，形成山体，若需要拉低可按住Shift键后单击需要拉低的位置即可，如图3.200所示。

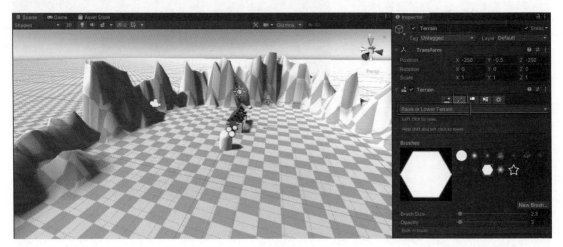

图3.200

**04** 再次单击Paint Texture，选择Smooth Height，在Scene中平滑高度，使地势起伏减小，如图3.201所示。

图3.201

**05** 单击Paint Texture，再单击Edit Terrain Layers，然后在弹出的下拉列表中单击Create Layer，如图3.202所示。在弹出的页面中找到GrassHillAlbedo并双击，如图3.203所示。此时地形的纹理变成草地。用同样的方式再次单击Create Layer，在页面中找到GrassRockyAlbedo并双击，在Terrain Layers中选中GrassRockyAlbedo后在Scene视图中为Terrain地形对象刷纹理即可，如图3.204所示。

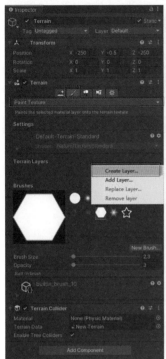

图3.202

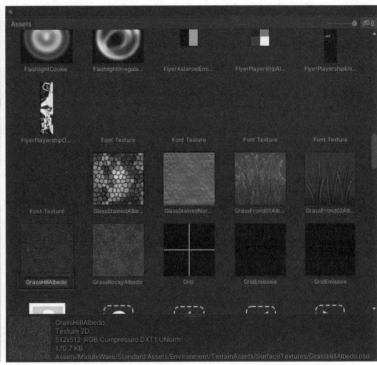

图3.203

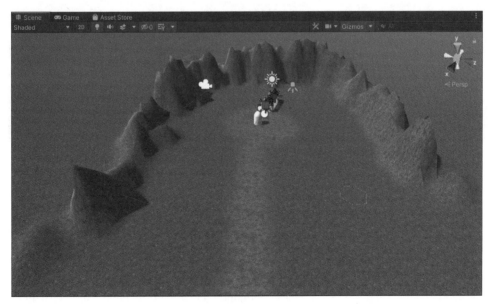

图3.204

**06** 单击第3个设置按钮，单击Edit Trees，在选项中单击Add Trees，将Assets>MiddleWare>Standard

Assets>Environment>Speed Tree>Broadleaf 中的 Broadleaf_Desktop 拖入 Tree Prefab 中，最后单击 Add 按钮，添加成功，如图 3.205 所示。在 Trees 中选中 Broadleaf_Desktop 后在 Scene 视图中为 Terrain 地形对象添加树，树的设置如图 3.206 所示，此时 Scene 视图中的效果如图 3.207 所示。

图 3.205

图 3.206

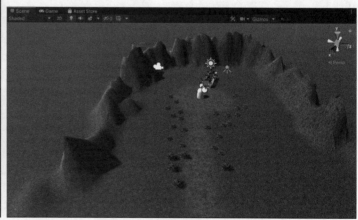

图 3.207

**07** 单击第 4 个设置按钮，单击 Edit Details，在选项中单击 Add Grass Texture，将 Assets>MiddleWare> Standard Assets>Environment>TerrainAssets>BillboardTextures 中的 GrassFrond01AlbedoAlpha 拖入 Detail Texture 中，在窗口中修改草的宽和高的最大值与最小值，最后单击 Add 按钮，添加成功，如图 3.208 所示。在 Detail 中选中 GrassFrond01AlbedoAlpha 后在 Scene 视图中为 Terrain 地形对象添加草，此时 Scene 视图中的效果如图 3.209 所示。

**08** 接下来替换天空，首先需要打开 Window>Rendering 中的 Lighting Settings，如图 3.210 所示，接着

在弹出的窗口中单击Skybox Material最右侧的圆圈，在窗口中选择SkyboxProcedural并双击，即可改变天空盒，如图3.211所示。

图3.208

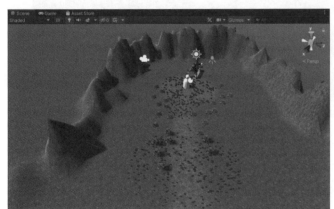

图3.209

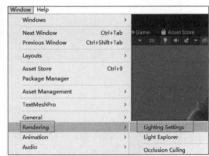

图3.210

图3.211

**09** 要添加雾的效果也是打开Lighting Settings，在Other Setting中勾选Fog复选框，此时看不到雾，因为浓度（Density）太低，所以需要把Density调为0.03，如图3.212所示。

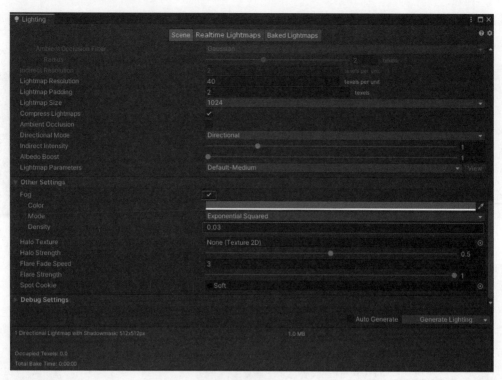

图3.212

**10** 接下来通过编辑地形创建一片洼地用作蓄水池，如图3.213所示。

图3.213

**11** 使用Assets>MiddleWare>Standard Assets>Environment>Water>Water>Prefabs中的WaterPro
Daytime预设体来创建水资源，如图3.214所示。将其拖入Scene视图中的洼地，如图3.215所示。

图3.214

图3.215

## 3.6 本章任务：搭建基础游戏场景，添加第一人称控制，在场景中漫游

在前文中，灯光在未添加地形前烘焙过，是有效果的，但添加了地形后就没有了效果，所以需要重新烘焙，其具体过程如图3.216和图3.217所示。

图3.216

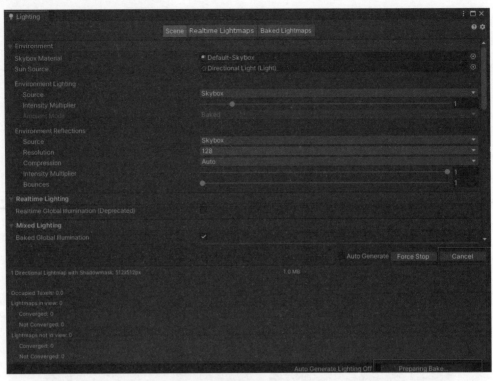

图3.217

**01** 编辑地形后会默认在Assets资源根目录下创建一个名为Terrain的资源文件，此文件为存储高度贴图、地形纹理、细节网格和树的TerrainData资源。可以在_Game下创建Terrain文件夹，将New Terrain拖入Terrain文件夹中，如图3.218所示。

**02** 为了方便后续使用，将House对象拖入Assets>_Game>Resources>Prefab中，这样House便成为一个预设体，如图3.219所示。

图3.218

图3.219

**03** 将Assets>MiddleWare>Standard Assets>Characters>FirstPersonCharacter>Prefabs中的

FPSController预设体拖入Scene中的房屋前，如图3.220所示。

图3.220

此时Scene视图中的效果如图3.221所示。

图3.221

**04** 由于第一人称控制器中也包含一个摄像机，所以将原来的主摄像机Main Camera禁用即可，如图3.222所示。

**05** 这样原来代表角色的胶囊体Capsule已失去作用，也将其禁用即可，如图3.223所示。

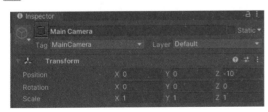

图3.222

图3.223

至此整个场景的搭建及第一人称漫游控制就完成了。当然，目前还存在房屋比例不协调等问题，解决方法为将房屋放大、灯光重新编辑并烘焙一下即可，读者可以将其作为练习自行完成。

## ▎3.7 本章小结

在本章中，我们认识了 Unity 中对象与组件的概念及使用方法，还使用了基本几何体应用 Transform 变换来搭建房屋等建筑，再为其赋予材质，并通过动态光源和静态烘焙为其营造出光影氛围。紧接着通过添加地形、树、风、草、水、雾、天空等环境要素，搭建了整个自然场景，最后添加上第一人称控制，实现了在场景中漫游的效果。

第4章

# 编辑场景与角色动画

## 本章学习要点

- 场景动画
- 导入外部模型
- 角色动画

动画可以让整个游戏更加生动，常见的动画可以分为场景动画和角色动画。

## 4.1 场景动画

在Unity中，可以为场景中的游戏对象添加关键帧动画效果，如平移、旋转、缩放、变色等，从而使场景更加生动。

### 动手练：使用Animation制作小球动画

### 1. 搭建测试场景

使用之前章节的知识先创建项目，打开默认的SampleScene场景，创建一个Plane作为地面，再创建一个Sphere球体，并将其位置设为（-2，0.5，0），以便之后为其添加动画，效果如图4.1所示。

图4.1

## 2. 为小球添加动画

**01** 打开 Animation 窗口。

单击选中要添加动画的物体，即小球对象 Sphere，然后执行 Window>Animation>Animation（或按快捷键 Ctrl+6），如图 4.2~图 4.4 所示。

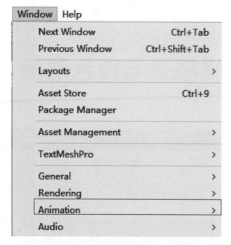

图 4.2

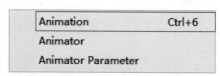

图 4.3

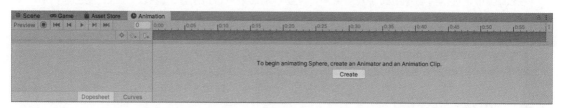

图 4.4

**02** 创建动画控制器、动画片段资源和添加动画组件。

单击 Create 按钮（Unity 会为小球添加一个 Animator 和 Animation Clip，前者是动画组件，后者是动画片段资源），弹出创建新动画片段的路径选择窗口，在 Assets 目录下创建一个名为 Animation 的文件夹，用于存放动画相关文件，选定 Animation 文件夹，将默认的文件名 "New Animation" 改为 "SphereAnimation01"，单击 "保存" 按钮即可，如图 4.5 和图 4.6 所示。

此时，在 Project 窗口的 Assets>Animation 目录下，可以找到刚刚创建的小球的动画控制器 Sphere.controller 和动画片段 SphereAnimation01.anim，如图 4.7 所示。

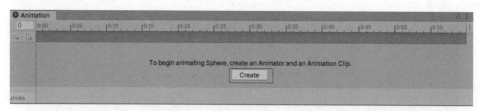

图 4.5

图4.6

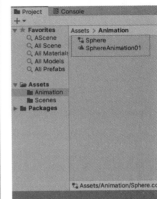

图4.7

在Animation窗口中，出现了小球的动画编辑时间轴，可以用来编辑动画，如图4.8所示。

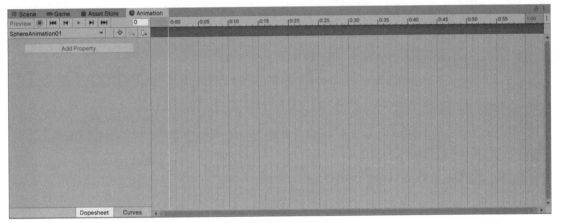

图4.8

同时，在确保Hierarchy窗口中选中小球对象Sphere的情况下，可以在Inspector窗口中发现，Unity自动为其添加了一个Animator组件，如图4.9所示。

**03** 为小球编辑位移动画。

选择Animation窗口的Add Property>Transform>Position，单击其后的"+"按钮，即可添加一个位置属性的动画轨道，如图4.10~图4.12所示。

图4.9

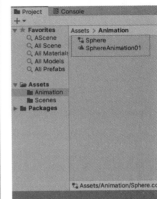

图4.10

图4.11

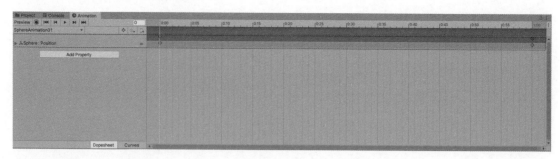

图 4.12

创建的动画时长默认为 1 秒，且由两列灰色菱形图标表示的关键帧组成，分别是在开始的 0:00 和结尾的 1:00 处。拖曳 Animation 窗口白色的当前时间线到 1:00 处（或直接单击 1:00 处），如图 4.13 所示。

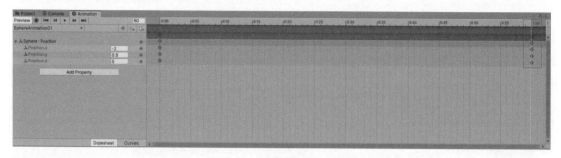

图 4.13

单击 Sphere:Position 左侧的下拉按钮展开其子属性，将 Position.y 右侧的空栏中的数值设置为 2.5，这样小球将在 1 秒钟内从初始 0.5 的高度逐渐升高到 2.5，如图 4.14 所示。

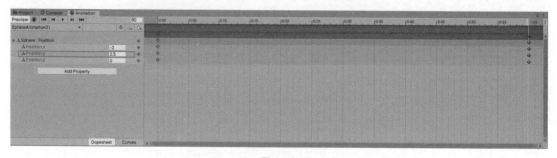

图 4.14

单击 Animation 窗口中的播放按钮即可进行动画的预览，在 Scene 视图中可以看到小球循环往复地播放上下位移动画，如图 4.15 和图 4.16 所示。

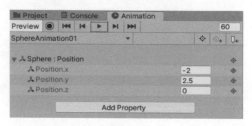

图 4.15

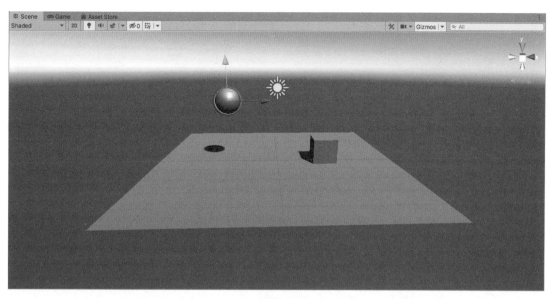

图4.16

04 为小球编辑缩放动画。

除上述编辑动画的方式外，还有一种更加直观的方式，即录制动画。具体操作方法如下。

确保选中 Sphere 小球物体的情况下，拖曳 Animation 窗口白色的当前时间线到1:00处（或直接单击1:00处），如图4.17所示。

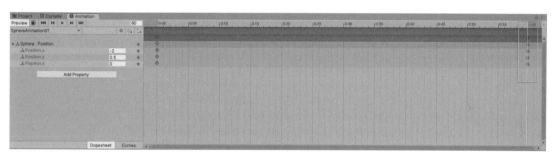

图4.17

单击红色圆圈的录制按钮，此时 Animation 窗口中的时间轴呈现红色状态，表示正在录制，如图4.18所示。

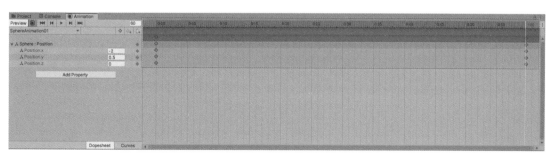

图4.18

在 Inspector 窗口中将 Transform 组件下的 Scale 调节为 1.5、1.5、1.5，即等比缩放为原来的 1.5 倍（也可通过在 Scene 视图中按快捷键 E，使用坐标轴来实现缩放），如图 4.19 所示。

重新单击红色圆圈的录制按钮，取消录制状态，动画即可编辑完成，单击三角形的播放按钮，预览小球动画，可以发现小球边向上位移边放大，如图 4.20 和图 4.21 所示。

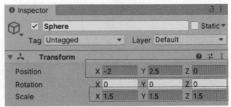

图 4.19

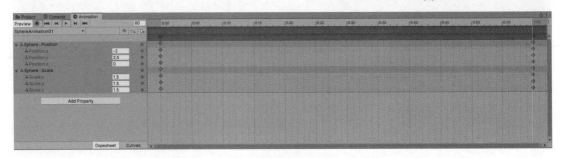

图 4.20

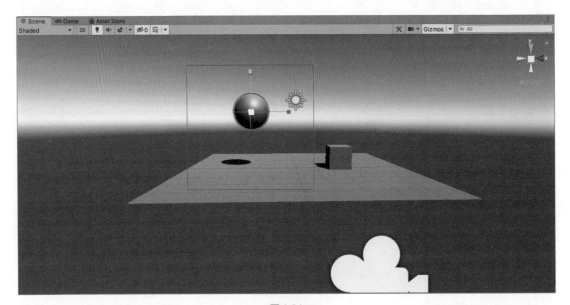

图 4.21

# 4.2 导入外部模型

在 Unity 中使用任何动画之前，必须先将其资源导入项目。Unity 可导入本机 Maya（.mb 或 .ma）、3ds Max（.max）、Blender（.blend）和 CINEMA 4D（.c4d）文件及通用 FBX 文件（这些文件可从大多数动画包中导出）。请注意，要从 .blend 格式的文件导入，需要在本地安装 Blender。

这里以一个带有动画的武士模型为例进行介绍。

 从本书的下载资源中找到 Samurai 文件夹，内含 FBX 格式武士模型、身体的固有色与法线贴图、头部的固有色贴图、武士刀的固有色与法线贴图，如图 4.22 所示。

Body_Dif.png

Body_NM .png

Head_DM3 .png

samuzai_animat ion_ok.fbx

Sword_DM.png

Sword_NM.png

图4.22

**02** 将整个 Samurai 文件夹拖入 Unity 的 Project 窗口的 Assets 目录下，如图 4.23 所示。

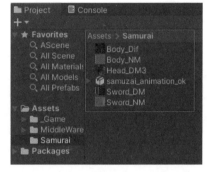

图4.23

注意要将整个文件夹整体拖入 Unity（拖入时，Unity 会自动生成材质，并把贴图正确地赋到材质上）。FBX 文件与贴图文件必须在同级文件夹目录下，不能先拖入 FBX，再拖入贴图，也不能先拖入贴图，再拖入 FBX，否则会丢失贴图信息，只显示白模，如图 4.24 所示。

如果遇到丢失贴图的情况，可以手动将贴图依次赋到材质上。在给材质赋予贴图之前，需要先对 FBX 文件的材质属性进行设置。在 Project 窗口中找到并单击选中刚刚导入的 samuzai_animation_ok.fbx，此时 Inspector 窗口会显示此 FBX 文件的相关设置，主要分为 Model（模型）、Rig（骨骼）、Animation（动画）、Materials（材质）共四大模块的设置。单击 Materials 即可看到材质的设置，单击 Extract Materials... 按钮，如图 4.25 所示。

图4.24

图4.25

**03** 弹出选择材质文件夹的选择窗口，选择 Samurai 文件夹，然后单击"选择文件夹"按钮，如图 4.26 所示。

**04** 可以发现此 FBX 所用到的材质文件解压到了 Samurai 文件夹，接下来就可以对其材质进行修改了，如图 4.27 所示。

图 4.26 图 4.27

**05** 为了方便查看效果，使用本书前面章节所述方法，在Samurai目录下创建一个新场景，并将场景命名为Samurai，调整默认Directional Light的属性，将其Transform组件的Rotation（旋转）设置为（135，0，180），其Light组件的Color（颜色）设为灰色（128，128，128），Intensity（强度）设为2。将samuzai_animation_ok.fbx直接拖入Scene或Hierarchy窗口中，即可看到武士的模型在场景中的效果，如图4.28所示。

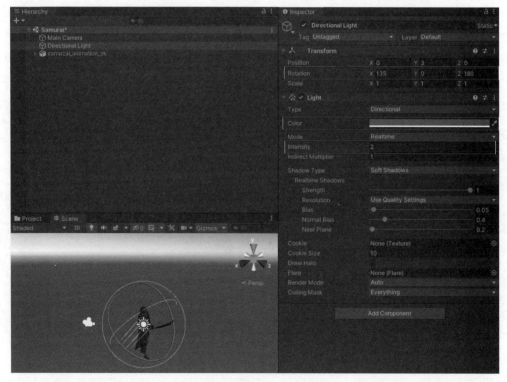

图 4.28

**06** 此时会发现武士的材质看起来是透明的，显示有问题，并且武器没有材质贴图，可以适当调整一下其材质。在Project窗口中的Samurai目录下找到之前解压出来的材质，单击13-Default，这是武士刀的材质，此时在Inspector窗口中会显示此材质的所有属性，将Project窗口中Samurai目录下的Sword_DM贴图拖入Albedo属性左侧的方框内，即可完成对武士刀材质固有色贴图的赋值操作。同理将Sword_NM贴图赋予 Normal Map 属性，完成法线贴图的赋值，若提示此贴图未被标记为法线贴图，则只需单击 Fix Now 按钮即可，Unity 就会将此贴图标记为法线贴图使用，如图 4.29 所示。

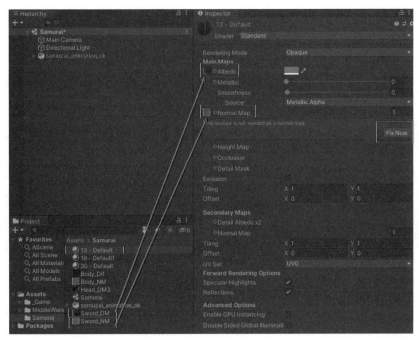

图 4.29

**07** 单击 Project 窗口中 Samurai 目录下的 19-Default1（武士身体材质），在 Inspector 窗口中将 Rendering Mode（渲染模式）从 Transparent（透明）改为 Opaque（不透明）。将 Body_NM 贴图赋予 Normal Map 属性。使用同样的方式将 20-Default（武士头部材质）的渲染模式也改为 Opaque，如图 4.30 所示。

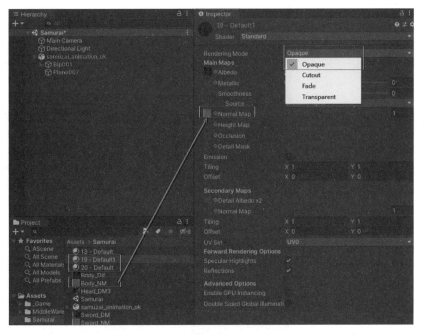

图 4.30

此时在Scene视图中将看到调整之后的带有正确材质效果的武士模型，至此导入模型结束，如图4.31所示。

图4.31

# 4.3 角色动画

## 4.3.1 动画播放

导入角色模型之后，如果想让角色动起来就需要播放角色动画了。Unity提供一套名为Mecanim的强大的动画系统专门实现复杂的角色动画。

依然以武士为例，来介绍如何播放角色动画。

**01** 若要播放武士动画，则武士至少需要一套动作，跟模型一样，动作也是用3ds Max、Maya、Blender等软件在外部制作的，存在于

FBX中。因此在Project窗口中Assets>Samurai目录下找到samuzai_animation_ok.fbx，单击其左侧的小三角以展开其子节点，可以看到一个名为Samurai_Motion_120609(2)的子节点，此即武士模型中的默认动画。将其单击选中，在Inspector窗口最下方的预览窗口中可以进行动画的预览，单击播放按钮，可以看到此动作为一些动画的集合，包含了休闲、走路、跑步、跳跃和几个攻击动作，如图4.32所示。

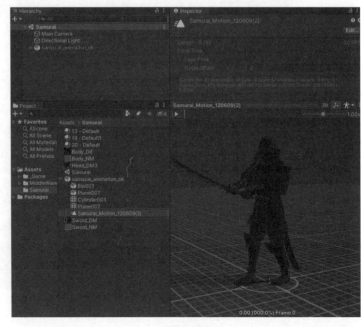

图4.32

**02** 确认模型有动作之后，还需要用来播放控制动画的Animator组件。在Hierarchy窗口中单击samuzai_animation_ok对象，在Inspector窗口中单击Add Component按钮，在下方弹出的搜索框中通过筛选的方式找到Animator组件并添加，如图4.33和图4.34所示。

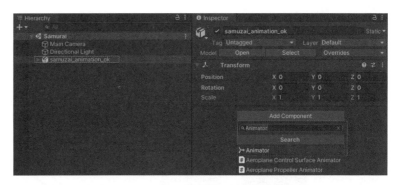

图4.33

**03** 此时发现Animator组件下的Controller属性是空的，此属性是必须的，而且要赋一个Animator Controller类型的值，Animator Controller定义要使用哪些动画剪辑，并控制何时及如何在动画剪辑之间进行混合和过渡，是可以在Project窗口中创

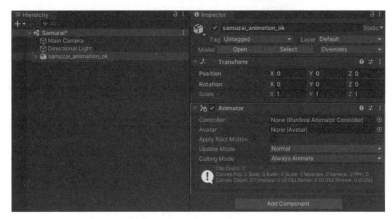

图4.34

建的一种资源，并可以在专门的Animator窗口中进行编辑。除此之外，如果游戏对象是具有Avatar定义的人形角色，还应在此组件中分配Avatar。如图4.35所示，显示了如何将各种资源（动画剪辑、Animator Controller和Avatar）一起汇集在游戏对象的Animator组件中。

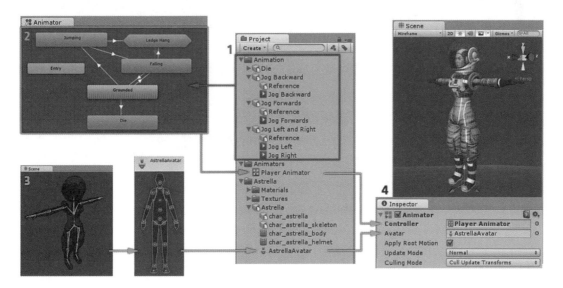

图4.35

**04** 接下来在 Project 窗口的 Assets>Samurai 目录下，创建一个 Animator Controller，如图 4.36 所示，将其命名为 SamuraiAnimatorController1。

图 4.36

**05** 双击创建好的 SamuraiAnimatorController1，会自动打开 Animator 编辑窗口，如图 4.37 所示。

图 4.37

**06** 在 Project 窗口的 Assets>Samurai 目录下，单击 samuzai_animation_ok 左侧的三角以展开其子节点，找到 Samurai_Motion_120609(2) 动画文件，并将其拖入 Animator 窗口中，会自动生成相应的节点，如图 4.38 所示。

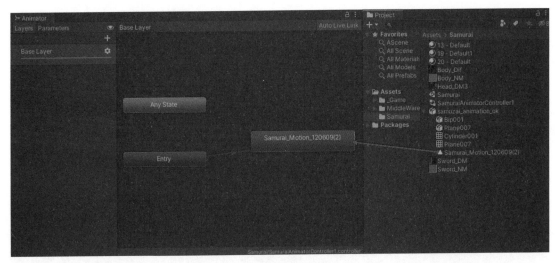

图4.38

**07** 将SamuraiAnimatorController1拖入samuzai_animation_ok对象的Animator组件中的Controller属性上，如图4.39所示。

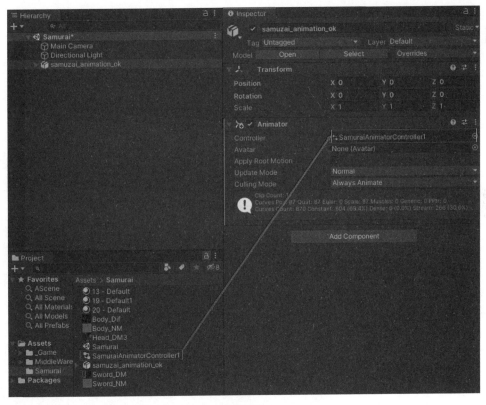

图4.39

**08** 由于场景中默认摄像机的位置关系，只能看到武士的身后，所以将摄像机的Transform组件Position属性调整为（0，5，10），Rotation属性调整为（15，180，0），这样便可看到武士的正面。单击播放按钮，可以看到正常播放的武士动画，如图4.40所示。

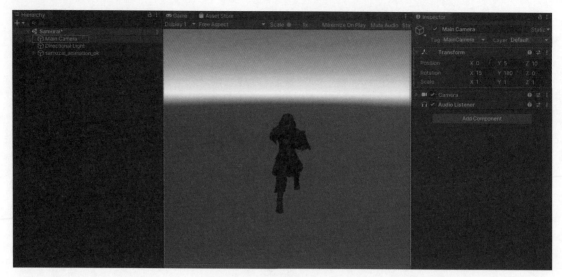

图4.40

## 4.3.2 动画编辑

在游戏中，往往需要根据游戏逻辑，将动画进行拆分编辑。例如，将武士的完整动画拆分成休闲、走、跑、跳、攻击等一个个单独的小动画，根据玩家的按键来决定播放哪一个动画。

仍然以武士为例，介绍如何对动画进行拆分编辑及重新组织节点播放。

**01** 在Project窗口Assets>Samurai目录下找到并单击选中samuzai_animation_ok.fbx，在Inspector窗口中，单击Animation标签页，单击Clips下方的"+"按钮添加一个新的动画片段，将其命名为Idle，设置Start为0，设置End为110，即Idle休闲动画的起始帧是0，结束帧是110，这个帧数可以通过右下方的动画预览窗口，进行效果的逐帧预览来决定，如图4.41所示。

**02** 使用同样的方式添加其他动画片段，即Walk（走路）、Run（跑步）、Jump（跳跃）、Attack1（攻击1）、Attack2（攻击2）、Attack3（攻击3），单

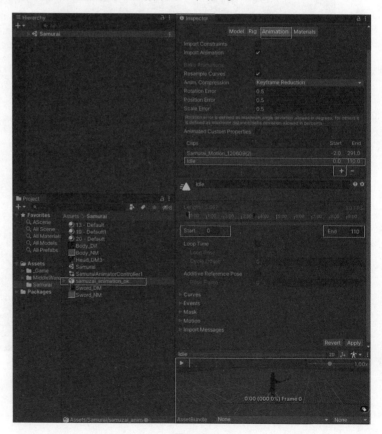

图4.41

击 Apply 按钮，表示确认应用，如图4.42所示。

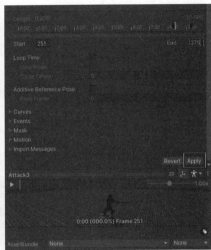

图4.42

**03** 此时 Project 窗口的 Assets>Samurai 目录下的 Samurai_animation_ok 文件展开可以发现多了刚刚创建的几个动画片段，再新建一个 Animator Controller，命名为 SamuraiAnimatorController2，双击在 Animator 窗口中打开，把新创建的几个动画片段拖入 Animator 窗口中并通过节点和连线将各动画的执行流程组织起来即可，如图4.43所示。

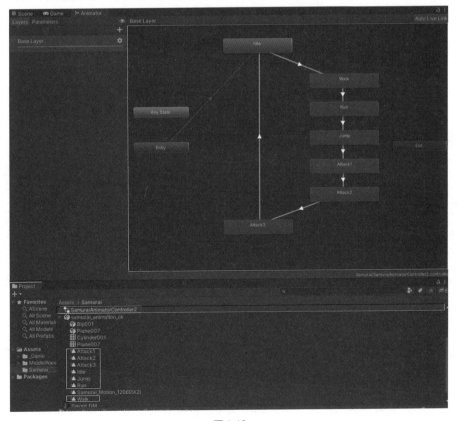

图4.43

其实，Animator 窗口是一个状态机编辑器，可以用来编辑动画执行的流程。它由状态节点和状态过渡线组成，动画片段拖入这里会自动成为一个状态节点，状态之间的连线就是状态过渡线，状态过渡线是有方向的，其上的箭头指示从哪个节点过渡到哪个节点。Entry（开始入口）和 AnyState（任意状态）节点是创建 Animator Controller 时自动创建的节点，黄色的节点表示默认的节点，当 Animator 执行时，会从 Entry 节点开始，执行默认节点，再顺着过渡线执行其他的节点。

若要创建节点，只需要在空白处单击鼠标右键，弹出下拉菜单，选择 Create State>Empty 即可，当然菜单中还有 Create State>From Selected Clip（创建状态）、Create Sub-State Machine（创建子状态机）、Paste（粘贴）、Copy current StateMachine（复制当前状态机）等操作，如图 4.44 所示。

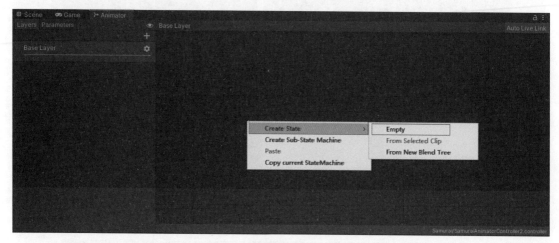

图 4.44

若要创建及连接过渡线，需要在节点上单击鼠标右键，弹出下拉菜单，选择 Make Transition 即可创建，然后单击其他节点即可将两个节点连接起来。当然，菜单中还有 Set as Layer Default State（设置为层默认状态）、Copy（复制）、Create new BlendTree in State（在状态中创建新的混合树）、Delete（删除）等其他针对当前选中节点的操作，如图 4.45 所示。

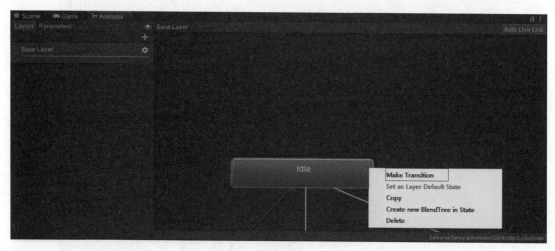

图 4.45

**04** 接下来，将新创建并编辑好的 SamuraiAnimatorController2 拖入 samuzai_animation_ok 对象的

Animator组件的Controller属性中，如图4.46所示。

图4.46

**05** 此时运行游戏，武士动作将按照最新拆分编辑的动画和流程进行播放。当游戏处于运行状态且samuzai_animation_ok对象处于被选中的状态时，Animator窗口中正在执行的状态节点下会有相应的进度条显示，这样能实时看到动画状态切换的情况，方便调试，如图4.47所示。

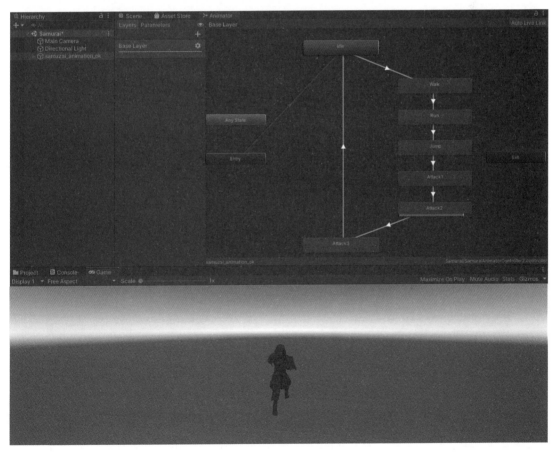

图4.47

## 4.3.3 动画重定向

Unity强大的动画系统支持针对人形骨架的动作复用，即可以将一个人物的动作复用在另一个人物身上，只要两个人物的骨架能够匹配即可，此技术称为动画重定向。

仍然以武士为例，介绍动画重定向的使用方法。

**01** 在Project窗口的Assets>Samurai目录下找到并单击samuzai_animation_ok，在Inspector窗口的Rig标签页下，将Animation Type改为Humanoid，如图4.48所示。

图4.48

**02** 此时，下方会多出几个选项，如图4.49所示，将Avatar Definition属性改为Copy From Other Avatar（此操作表示从其他Avatar进行复制），将Source属性设置为HumanoidRunTurnAvatar（此操作表示选定要复制的Avatar，若找不到此项，请确认是否已导入Unity标准资源包），单击右下角的Apply按钮进行应用。

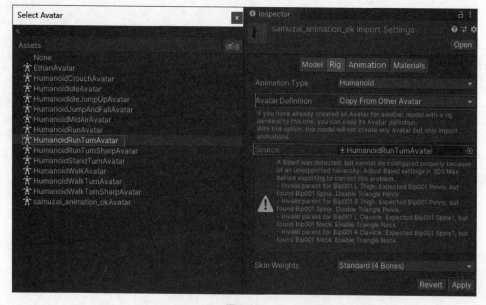

图4.49

**03** 随后将Avatar Definition属性改回Create From This Model（此操作表示从自身模型创建Avatar），再次单击右下角的Apply按钮进行应用即可，如图4.50所示。

**04** 在 Project 窗口的 Assets>Samurai 目录下创建一个新的 Animator Controller，将其命名为 Samurai AnimatorController3，如图 4.51 所示。

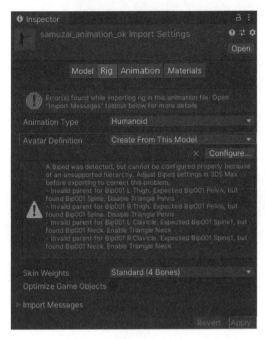

图 4.50

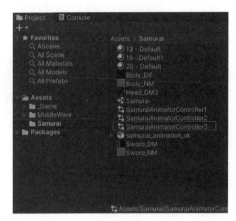

图 4.51

**05** 双击 SamuraiAnimatorController3 以打开 Animator 窗口，在 Project 窗口的 Assets>MiddleWare> Standard Assets>Characters>ThirdPersonCharacter>Animation 目录下找到 HumanoidRunLeft（向左跑），并将其拖入 Animator 窗口中，如图 4.52 所示。

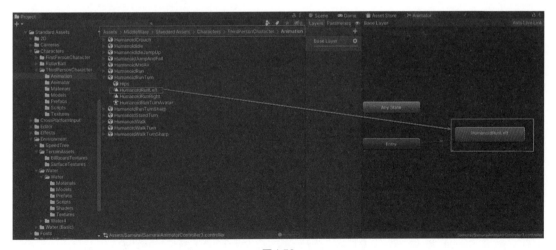

图 4.52

**06** 将 Project 窗口中的 SamuraiAnimatorController3 赋予 Inspector 窗口的 samuzai_animation_ok 对象的 Animator 组件的 Controller 属性，将 Project 窗口中的 samuzai_animation_okAvatar 赋予 Inspector 窗口中的 samuzai_animation_ok 对象的 Animator 组件的 Avatar 属性，如图 4.53 所示。

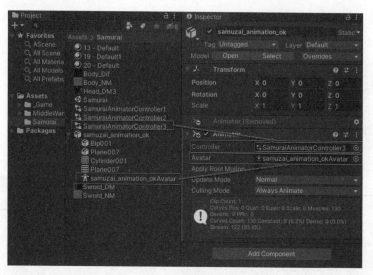

图4.53

**07** 此时运行测试游戏，会发现已经能够播放武士向左跑的动画（如果不能正确播放，请将samuzai_animation_ok.fbx的Animation Type属性先改为None，单击Apply按钮应用一下。再改回Humanoid，单击Apply按钮应用一下即可），这样便实现了将一个模型的动画复用给另外一个模型，即动画重定向，如图4.54所示。

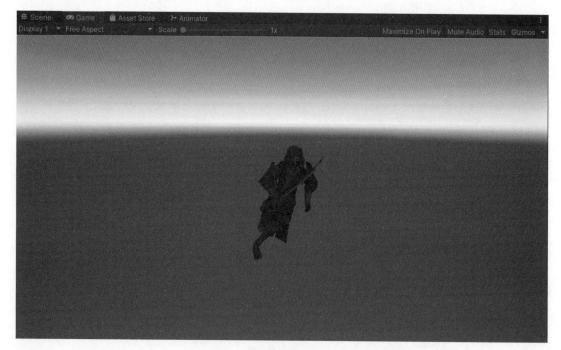

图4.54

## 4.3.4 动画融合

在游戏中，往往需要允许玩家控制人物朝任意方向跑动。Unity提供动画融合功能，只需有向左跑、向前跑和向右跑的动作即可。实现思路：通过检测玩家的键盘按键（如W、A、S、D键或上、下、左、右方向键），将按键结果映射为一个限定范围内的数值。将此数值实时传递给Animator中创建的控制动画混合的权重的变量。

依然以武士为例，介绍Unity的动画融合。

**01** 双击SamuraiAnimatorController3以打开Animator窗口，在其上单击鼠标右键，选择Create State>From New Blend Tree选项并单击以创建一个新的混合树节点，如图4.55所示。

图4.55

**02** 双击Blend Tree节点以进入其子层，再单击子层内Blend Tree节点，在Inspector窗口中可以编辑混合树，如图4.56所示。

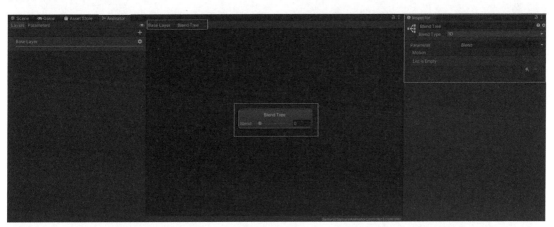

图4.56

**03** 单击右侧"+"按钮，弹出下拉列表，选择Add Motion Field并单击，可以添加一行，这里用同样的方式总共添加3行，因为需要混合向左跑、向前跑、向右跑3个动作，添加后的效果如图4.57所示。

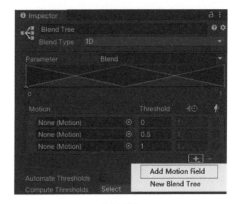

图4.57

**04** 在Project窗口的Assets>MiddleWare>Standard Assets>Characters>ThirdPersonCharacter>Animation目录下找到HumanoidRunLeft（向左跑）、HumanoidRun（向前跑）、HumanoidRunRight（向右跑），将其分别拖入Inspector窗口里刚刚创建的3行中，如图4.58所示。

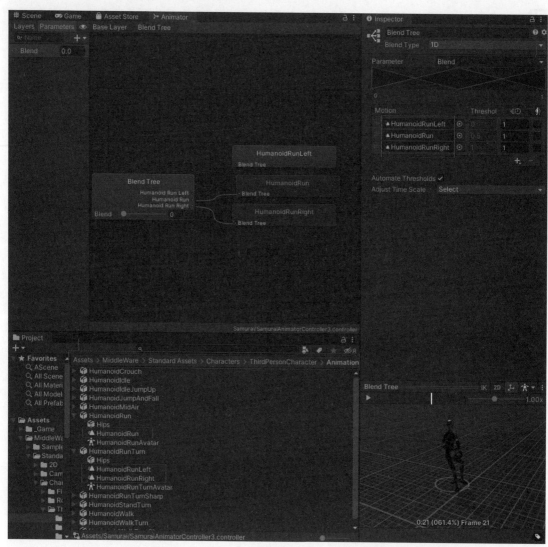

图4.58

在Animator窗口中，通过拖曳Blend Tree节点上的Blend变量右侧的滑动条，或者左右拖曳Inspector窗口中折线图上的红色竖线，都可以在右下角的预览窗口进行动画融合的效果预览。Blend变量的取值范围默认为0~1，可以通过查看Threshold获知，只要单击一下折线图，即可根据需求修改其数值范围。

**05** 运行游戏并调节Animator窗口中的Blend属性，可发现武士的跑步朝向已经能够实时改变了，如图4.59所示。后续只需要通过脚本动态获取玩家按键，并改变此变量即可实现玩家控制武士朝任意方向跑动的效果。

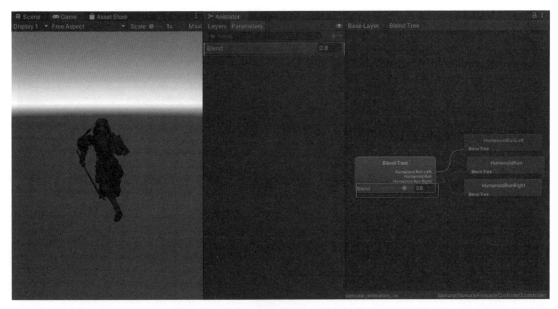

图4.59

# 4.4 本章任务：添加场景和角色动画，让游戏生动起来

接下来，为之前的漫游项目添加场景和角色动画，使之生动起来。

**01** 将之前编辑好的武士角色拖成预设体作为备用。具体操作为将samuzai_animation_ok对象从Hierarchy窗口拖入Project窗口的Assets>Samurai目录下，并改名为Samurai，如图4.60所示。

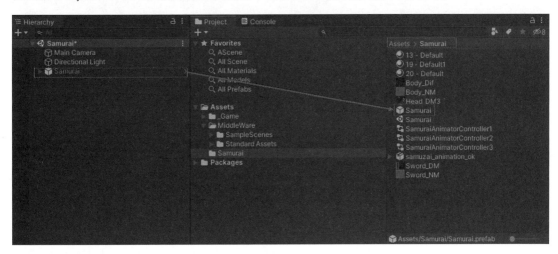

图4.60

**02** 保存场景，在Project窗口的Assets>_Game>Scene目录下打开之前的漫游场景SampleScene，将Samurai预设体拖入场景，并将其Transform组件的属性按照图4.61所示进行设置。

**03** 在Project窗口的Assets>Samurai目录下找到SamuraiAnimatorController3.controller，双击在Animator中打开，在左侧Parameters参数标签页下找到Blend变量，将其默认数值改为0.5，这样将默认播放武士向前跑的动作，如图4.62所示。

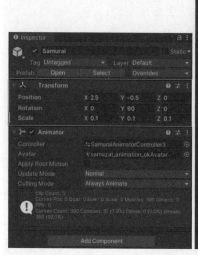

图4.61                                     图4.62

**04** 此时运行游戏，将看到武士角色已经添加到场景中，位于房屋正门前，且默认播放向前跑步的动作，如图4.63所示。

图4.63

**05** 接下来再添加场景动画，房屋右上方有3个白色小球，现在为这3个小球添加位移和缩放动画，并使其循环播放，以模拟冒烟的动画。

值得注意的是，要使3个小球产生动态的动画效果，则这3个小球不能是Static静态物体。而之前已经将House房屋及其下子对象都设置为了Static静态，所以要先将3个小球取消勾选Static静态属性才行。在Hierarchy窗口下展开House对象，选中3个小球对应的对象，即Sphere、Sphere（1）、Sphere（2），在Inspector窗口中取消选中Static左侧的复选框，如图4.64所示。

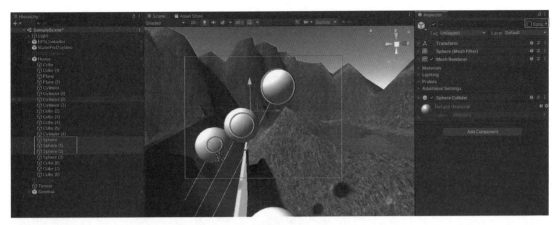

图4.64

**06** 单击选中Hierarchy窗口中的Sphere，即第一个小球，为其编辑动画。按快捷键Ctrl+6，弹出Animation窗口，单击Create Animation按钮，弹出创建动画窗口，将保存目录设置在Assets\_Game\Animation下，动画名为SphereMin，然后单击"保存"按钮，如图4.65所示。

图4.65

**07** 在Animation窗口中按照本章所述的方法分别于0：00处和1：00处添加两个关键帧，然后通过录制或手动填值的方式，为关键帧设置属性，起始关键帧和结束关键帧的属性分别如图4.66和图4.67所示。

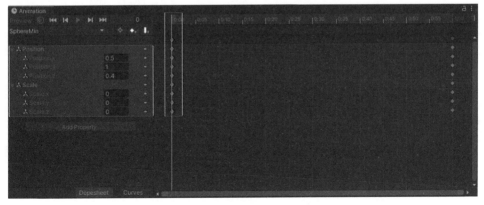

图4.66

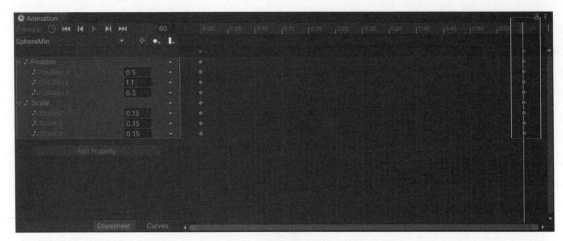

图4.67

此时运行游戏，会发现场景中房屋右上方最小的小球，在进行从小到大的缩放动画和从左下烟囱处向右上方移动的平移动画，且循环往复播放，像是从烟囱中冒出的烟一样，如图4.68所示。

图4.68

使用同样的方式，为另外两个小球也添加类似的缩放和平移动画即可。

**08** 将第2个和第3个小球的动画分别命名为SphereMiddle、SphereMax。第2个小球动画的起始帧和结束帧的设置如图4.69和图4.70所示。第3个小球动画的起始帧和结束帧属性设置如图4.71和图4.72所示。

图4.69

图4.70

图4.71

图4.72

**09** 此时运行游戏，可以看到3个小球均有了平移和缩放动画，像是从烟囱里不断冒出来的烟。这样就为漫游项目添加了场景和角色动画，使场景看起来更加生动了，最终效果如图4.73所示。

图4.73

# 4.5 本章小结

　　本章介绍了场景和角色动画制作相关的知识。首先介绍了 Animation 的使用方法；然后以一个武士角色为例，介绍了如何导入外部模型动画及角色动画相关的动画播放、动画编辑、动画重定向、动画融合等常用知识；最后实现了本章任务，添加了武士奔跑的角色动画及烟囱冒烟的场景动画，让整个游戏更加生动起来。

# 5

CHAPTER

第5章

# 脚本交互

## 本章学习要点

- C#基础
- 脚本创建与解析
- MonoBehaviour脚本生命周期与脚本变量
- 脚本响应事件及组件的添加与访问
- 常用的脚本函数
- 脚本代码编辑与调试

在Unity中，要想实现实时交互功能，就需要编写脚本代码，而Unity支持的脚本代码语言是C#。

## 5.1 C# 脚本编程介绍

C#语言是微软推出的一款面向对象的编程语言，凭借其通用的语法和便捷的使用方法受到很多开发者的欢迎。

C#语言具备了面向对象语言的特征，即封装、继承、多态，并且添加了事件和委托，增强了编程的灵活性。

为了更高效地编写C#脚本代码，一般需要借助代码编辑器，Visual Studio（下文简称VS）就是一款非常易用且强大的代码编辑器，本书使用的VS版本为2017，读者可以在VS的官网下载免费社区版并安装。安装完成后，再在Unity中打开脚本，将自动使用VS打开，若未自动识别或希望切换不同的VS版本，则可以在Unity中进行默认代码编辑器的设置，设置的方法为：执行Edit>Project Settings，如图5.1所示。在弹出的Preferences窗口中，单击左侧的External Tools选项卡，在右侧找到External Script Editor，在其右侧的下拉列表框中选择希望设置的代码编辑器即可，如图5.2所示。

| Edit | Assets | GameObject | Component | Window |
| --- | --- | --- | --- | --- |

| Undo | Ctrl+Z |
| --- | --- |
| Redo | Ctrl+Y |
| Select All | Ctrl+A |
| Deselect All | Shift+D |
| Select Children | Shift+C |
| Select Prefab Root | Ctrl+Shift+R |
| Invert Selection | Ctrl+I |
| Cut | Ctrl+X |
| Copy | Ctrl+C |
| Paste | Ctrl+V |
| Duplicate | Ctrl+D |
| Rename | |
| Delete | |
| Frame Selected | F |
| Lock View to Selected | Shift+F |
| Find | Ctrl+F |
| Play | Ctrl+P |
| Pause | Ctrl+Shift+P |
| Step | Ctrl+Alt+P |
| Sign in... | |
| Sign out | |
| Selection | > |
| Project Settings... | |
| Preferences... | |
| Shortcuts... | |
| Clear All PlayerPrefs | |
| Graphics Tier | > |
| Grid and Snap Settings... | |

图5.1

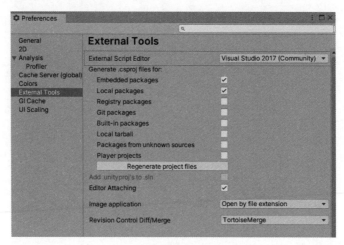

图5.2

# 5.2 脚本创建与解析

## 5.2.1 脚本的创建

设置好脚本代码编辑器后，即可在Unity中创建脚本并进行代码编写。创建脚本的方法如下。

**01** 在Project窗口下找到或创建存放C#脚本的目录，这里新创建一个Script文件夹用来存放所有的C#脚本。找到Assets文件夹，在其上单击鼠标右键可弹出下拉菜单，将光标悬停在Create上，会展开可创建的资源菜单，单击Folder即可创建文件夹，然后将其改名为Script即可，如图5.3~图5.7所示。

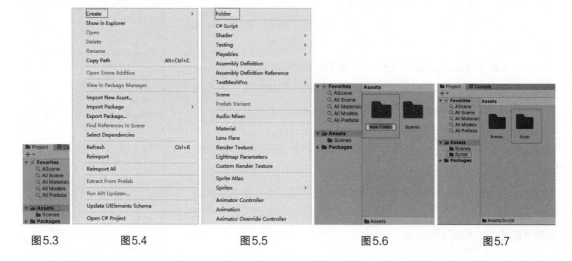

图5.3    图5.4       图5.5         图5.6        图5.7

**02** 找到Script文件夹，用同样的方法在其上单击鼠标右键展开菜单，将光标悬停在Create上，展开可创建的资源菜单，单击C# Script来创建C#脚本，并将其重命名为TestScript，如图5.8~图5.10所示。

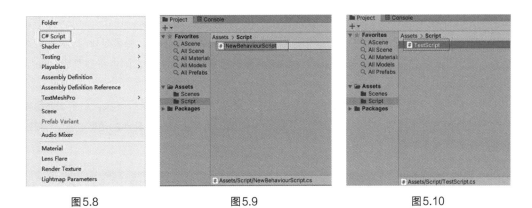

| 图5.8 | 图5.9 | 图5.10 |

**03** 此时，双击刚刚新建的TestScript脚本，即可自动使用VS代码编辑器打开并进行编辑，如图5.11~图5.13所示。请注意，图5.13所标注的脚本文件名和类名必须一致，若不一致请改成一致，否则Unity将无法正确识别编译脚本。

图5.11

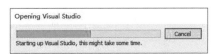

图5.12

图5.13

## 5.2.2 脚本的解析

如图5.13所示，脚本创建完成后，可以发现Unity为新建的脚本默认添加了几行代码，接下来就将对这些代码做基本的解析。

（1）第1~3行是导入命名空间，其中前两行为C#所依赖的命名空间。第3行为Unity所依赖的命名空间。

（2）第5行是类的定义，Public表示当前类是公有的，Class是类的关键词，TestScript为类名，冒号后面的MonoBehaviour则表示当前的TestScript类是继承自MonoBehaviour类，后者是Unity为我们定义的一个基类，提供了一些常用的变量和函数。TestScript继承自MonoBehaviour，则也将拥有MonoBehaviour所提供的那些变量和函数。

（3）第7~17行是定义了Start和Update两个函数，前者会在脚本开始时执行一次，后者则会每帧进行调用。这些都是因为继承自MonoBehaviour而拥有的函数功能，当然还有一些其他的函数功能，将在5.3小节脚本生命周期与脚本变量中进行讲解。

# 5.3 MonoBehaviour 脚本生命周期与脚本变量

## 5.3.1 脚本生命周期

Unity默认创建的C#脚本继承于MonoBehaviour，其实脚本并不一定非要继承自MonoBehaviour，但是如果脚本需要作为组件使用并挂到游戏物体上，那就必须继承自MonoBehaviour，MonoBehaviour内提供的事件函数触发有明确的执行先后顺序，Unity官方文档明确提供了MonoBehaviour的生命周期，如图5.14所示。

**Awake:** 初始化函数，在游戏开始时系统自动调用；一般用来创建变量；无论脚本组件是否被激活都能被调用。

**Start:** 初始化函数，在所有Awake函数运行完成之后，Update函数运行之前执行；一般用来给变量赋值；只有脚本组件激活时才能被调用。

**Update:** 每一帧调用一次，一般用于非物理运动。

**FixedUpdate:** 每隔固定时间调用一次，一般用于物理运动。

**LateUpdate:** 每一帧游戏逻辑的最后，渲染之前被调用。

## 5.3.2 脚本变量

### 变量的声明与使用

常见的变量如int（整型）、float（浮点型）、bool（布尔型）、Structs（结构体）、Class（类）。新建一个名为Variable的脚本，常见的变量定义的方法，如以下代码所示。

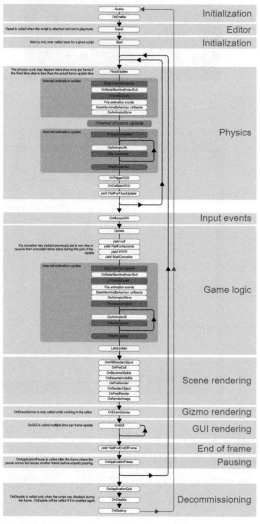

图5.14

```
1.  using UnityEngine;
2.  using System.Collections;
3.
4.  public class Variable : MonoBehaviour
5.  {
6.      // 定义布尔变量
7.      public bool bolleanValue = true;
8.
9.      // 定义浮点变量
10.     public float floatValue;
11.
12.     // 定义整型变量
13.     public int intValue;
14.
15.     // 定义二维向量变量
16.     public Vector2 vector2Value;
17.
18.     // 定义三维向量变量
19.     public Vector3 vector3Value;
20.
21.     // 定义四元数变量
22.     public Quaternion quaternionValue;
23.
24.     // 定义字节变量
25.     public byte byteValue;
26.
27.     // 定义字符串变量
28.     public string stringValue;
29.
30.     // 定义枚举变量
31.     public enum emType {A,B,C}
32.     public emType em;
33.
34.     // 定义游戏对象类变量
35.     public GameObject otherObject;
36.
37.     // 定义自定义类变量（需要先定义好 HelloUnity 类型的 C# 类）
38.     public HelloUnity helloUnity;
39.
40.     void Start()
41.     {
42.
43.     }
44.
45.     void Update()
46.     {
47.
48.     }
49. }
```

按快捷键Ctrl+S将此脚本保存，回到Unity编辑器中。将Variable脚本拖放到Hierarchy窗口的Main Camera上，如图5.15所示。

此时单击Main Camera对象，在Inspector面板中，即可看到新添加的Variable脚本组件及添加的变量和值，如图5.16所示。

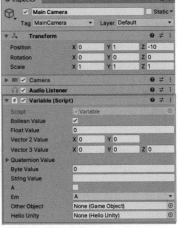

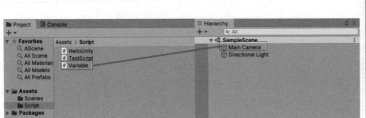

图5.15　　　　　　　　　　　　　图5.16

之所以能够在Unity编辑器中显示这些变量并设置值，是因为在之前的代码中把变量都设置成了Public公有变量，如果将Variable类中变量前面的访问修饰符从public改成protected或private或直接去掉（直接去掉等同于设置为private），则在编辑器中这些变量就不会被看到并设置了，代码如下所示，将第一个bolleanValue变量前面的public修饰符直接去掉，再回到编辑器中，bolleanValue变量就不再显示且无法设置了，如图5.17所示。

```
// 定义布尔变量
bool bolleanValue = true;
```

有时候，我们希望变量是私有的，以防止被别的代码调用，却仍然希望在编辑器中比较方便地直接改变其值，这时可以在变量定义之前加上[SerializeField]，这时即使变量是非Public类型的，仍然能在编辑器中被看到及改变值。具体如下面代码和图5.18所示。

```
// 定义布尔变量
[SerializeField]
bool bolleanValue = true;
```

类似的，有时也会希望把一些变量定义成public，却不希望在编辑器中被别人修改这些变量的值，这时候就可以在变量之前加上[HideInInspector]，这时即使变量是public类型的，在编辑器中也不会被看到也不会被改变值。如下面代码和图5.19所示，floatValue变量虽然是public，但加上[HideInInspector]后，在编辑器中变量就不可见了。

```
// 定义浮点变量
[HideInInspector]
public float floatValue;
```

图 5.17

图 5.18

图 5.19

## 5.4 脚本的响应事件及组件的添加与访问

### 5.4.1 脚本的响应事件

脚本的响应事件大致可分成启动与刷新函数和交互函数。其中启动函数主要有 Reset、Awake、Start。刷新函数主要有 FixedUpdate、Update、LateUpdate。

交互函数主要可分为 Physic（物理）、Input（输入）、Rendering（渲染）、Object（对象）、Scene（场景）、Application（程序）、Network（网络）、Animator（动画）、Audio（声音）。

#### 1. Physic（物理）

**OnTriggerEnter：**当碰撞体进入触发器时调用。

**OnTriggerExit：**当碰撞体停止触发触发器时调用。

**OnTriggerStay：**当碰撞体接触触发器时，将在每一帧被调用。

**OnCollisionEnter：**当碰撞体触碰另一个碰撞体时被调用。

**OnCollisionExit：**当碰撞体停止触碰另一个碰撞体时被调用。

**OnCollisionStay：**当碰撞体触碰另一个碰撞体时被调用，将在每一帧被调用。

**OnJointBreak：**当铰链断裂时被调用。

**OnParticleCollision：**当粒子碰撞时被调用。

**OnControllerColliderHit：**在移动时，当 Controller 碰撞到 Collider 时被调用。

#### 2. Input（输入）

**OnMouseEnter：**当光标进入 GUI 元素或碰撞体时调用。

**OnMouseOver：**当光标悬浮到 GUI 元素或碰撞体时调用。

**OnMouseExit：**当光标移出 GUI 元素或碰撞体时调用。

**OnMouseDown：**当光标在 GUI 元素或碰撞体上单击时调用。

**OnMouseUp：**当释放鼠标按键时调用。

**OnMouseDrag：**当用户用鼠标拖曳 GUI 元素或碰撞体时调用。

**OnMouseUpAsButton：** 松开鼠标时，仅当鼠标在按下时所在的 Collider 上时调用。

## 3. Rendering（渲染）

**OnGUI：** 渲染和处理 GUI 事件时调用，每帧调用一次。
**OnDrawGizmos：** 如果想绘制可被点选的辅助线框，执行这个函数。
**OnDrawGizmosSelected：** 如果想被选中时绘制线框，执行这个函数。
**OnPreCull：** 在摄像机消隐场景之前被调用。
**OnPreRender：** 在摄像机渲染场景之前被调用。
**OnPostRender：** 在摄像机完成场景渲染之后被调用。
**OnRenderObject：** 在摄像机场景渲染完成后被调用。
**OnWillRenderObject：** 如果对象可见，每个摄像机都会调用它。
**OnRenderImage：** 当完成所有渲染图片后被调用，用来渲染图片后期效果。

## 4. Object（对象）

**OnEnable：** 当对象变为可用或激活状态时函数才被调用。
**OnDisable：** 当对象变为不可用或非激活状态时函数才被调用。
**OnDestroy：** 当 MonoBehaviour 将被销毁时，这个函数被调用。

## 5. Scene（场景）

**OnLevelWasLoaded：** 当场景被加载时调用。

## 6. Application（程序）

**OnApplicationPause：** 当应用程序暂停时调用。
**OnApplicationFocus：** 当玩家获得或失去焦点时发送给所有的游戏物体。
**OnApplicationQuit：** 当应用程序退出之前发送给所有的游戏物体。

## 7. Network（网络）

**OnPlayerConnected：** 当一个新玩家重新连接时在服务器上被调用。
**OnServerInitialized：** 当 Network.InitializeServer 被调用完成时，在服务器上调用这个函数。
**OnConnectedToServer：** 当成功连接到服务器时在客户端调用。
**OnPlayerDisconnected：** 当一个玩家从服务器上断开时，在服务器端调用。
**OnDisconnectedFromServer：** 当失去连接或从服务器断开连接时在客户端调用。
**OnFailedToConnect：** 当一个连接因为某些原因失败时在客户端调用。
**OnFailedToConnectToMasterServer：** 当报告事件来自主服务器时在客户端或主服务器端被调用。
**OnMasterServerEvent：** 当报告事件来自主服务器时在客户端或服务器端被调用。
**OnNetworkInstantiate：** 当一个物体使用 Network.Instantiate 进行网络初始化时调用。
**OnSerializeNetworkView：** 在一个网络视图脚本中，用于同步自定义变量。

## 8. Animator（动画）

**OnAnimatorMove:** 当 Animator 触发后，将在每一帧被调用。

**OnAnimatorIK:** 用于设置动画 IK（反向运动学）的回调。

## 9. Audio（声音）

**OnAudioFilterRead:** 每次载入一段音频时，将被调用。

## 5.4.2 组件的添加与访问

### 1. 组件的获取

组件可以通过 GetComponent 相关的函数来进行获取，相关函数如下。

**GetComponent:** 获取特定类型组件。

**GetComponentInChildren:** 在子节点中获取特定类型的组件。

**GetComponentInParent:** 在父节点中获取特定类型的组件。

**GetComponents:** 获取特定类型的所有组件。

**GetComponentsInChildren:** 在子节点中获取所有特定类型的组件。

**GetComponentsInParent:** 在父节点中获取所有特定类型的组件。

### 2. 组件的启用和禁用

组件可以通过设置 Enable 来进行启用或禁用。

具体的使用方法如下面代码所示，以下代码通过函数获取到 Light 灯光组件，并将其禁用。

```csharp
using UnityEngine;
public class GetComponentGenericExample : MonoBehaviour
{
    void Start()
    {
        Light light = gameObject.GetComponent<Light>();
        if (light != null)
        {
            light.enabled = false;
        }
    }
}
```

### 3. 物体的激活与非激活

对象可以通过 SetActive 相关的函数来进行激活或非激活。

**SetActive:** 激活对象。

**activeSelf:** 当前对象的激活状态。

**activeInHierarchy:** 定义对象在场景中是否激活。

具体的使用方法如下面代码所示，以下代码通过 SetActive 函数将对象激活，并打印对象自身的激活状态及在场景中是否激活。

```
using UnityEngine;
using System.Collections;

public class SetActive : MonoBehaviour
{
    public GameObject obj;

    void Start()
    {
        gameObject.SetActive(false);
        Debug.Log("activeSelf 的值为：" + obj.activeSelf.ToString());
        Debug.Log("activeInHierarchy 的值为：" + obj.activeInHierarchy.ToString());
    }
}
```

## 4. 组件的启用、禁用、销毁等事件

**OnEnable:** 组件启用时，此函数被调用。

**OnDisable:** 组件禁用时，此函数被调用。

**OnDestroy:** 组件销毁时，此函数被调用。

具体的使用方法如下面代码所示，以下代码在组件启用、禁用、销毁时分别打印对应的日志。

```
using System.Collections;
using System.Collections.Generic;
using UnityEngine;

public class DisableDestroy : MonoBehaviour
{
    private void OnEnable()
    {
        Debug.Log("脚本被启用............");
    }

    private void OnDisable()
    {
        Debug.Log("脚本被禁用~~~~~~~~~~~~");
    }

    private void OnDestroy()
    {
        Debug.Log("脚本被销毁。。。。。。。。。。。。");
    }
}
```

# 5.5 常用的脚本函数

## 5.5.1 调试相关函数

Debug——调试，在开发中为了方便，经常使用输出日志来进行测试。输出日志相关的函数主要有以下几种。

**Debug.Log():** 打印信息日志，代码如下所示。

```
Debug.Log("info");
```

**Debug.LogWarning:** 打印警告日志，代码如下所示。

```
Debug.LogWarning("warning");
```

**Debug.LogError:** 打印错误日志，代码如下所示。

```
Debug.LogError("error");
```

**DrawLine:** 在指定的起点和终点之间画一条线。

**DrawRay:** 在世界坐标系中从指定的起点沿指定方向画一条线。

## 5.5.2 对象相关函数

Find——物体的访问。在开发中有时不仅要访问对象的组件，很多时候还要访问和控制其他的对象，在Unity中可以通过以下几种方式来访问对象物体。

### 1. 通过对象的名称来查找

通过GameObject.Find来查找场景中对象的名称。如果场景中存在指定名称的游戏物体，那么返回该对象的引用，否则返回空值null，如果存在多个重名对象，那么返回第一个对象的引用。代码如下所示，通过Find返回名为 "Game Object" 的对象，并打印其是否存在。

```csharp
using UnityEngine;
using System.Collections;

public class Find : MonoBehaviour
{
    void Start()
    {
        GameObject go = GameObject.Find("Game Object");
        if (go != null)
        {
            Debug.Log("存在名为 Game Object 的对象");
        }
        else
        {
            Debug.Log("不存在名为 Game Object 的对象");
        }
    }
}
```

## ② 2.  通过对象的类型来查找

通过 GameObject.FindObjectOfType 来查找特定类型的对象。如果找不到特定类型的对象将返回 null。代码如下所示，通过 FindObjectOfType 返回摄像机类型的对象，并打印其名字。

```csharp
using UnityEngine;
using System.Collections;

public class Find : MonoBehaviour
{
    void Start()
    {
        Camera camera = GameObject.FindObjectOfType<Camera>();
        if (camera != null)
        {
            Debug.Log(camera.name);
        }
    }
}
```

## ③ 3.  通过对象的标签来查找

和对象名称查找一样，如果场景中存在指定标签的游戏物体，则可以用标签查找。

**FindWithTag:** 返回一个激活的特定标签的对象，如果没找到，将返回空 null。代码如下所示，通过 FindWithTag 函数返回标签为 "TagGameObject" 的对象，如果返回对象不为空，则打印出返回对象的名字，否则打印 "不存在标签为 TagGameObject 的物体"。

```csharp
using UnityEngine;
using System.Collections;

public class Find : MonoBehaviour
{
    public GameObject obj;

    void Start()
    {
        GameObject go = GameObject.FindWithTag("TagGameObject");
        if (go != null)
        {
            Debug.Log(go.name);
        }
        else
        {
            Debug.Log("不存在标签为 TagGameObject 的物体");
        }
    }
}
```

**FindGameObjectsWithTag:** 返回带有指定标签的所有对象。代码如下所示，通过 FindGame

ObjectsWithTag 返回标签为 "TagGameObject" 的所有对象存到一个 GameObject 数组中，然后进行遍历，并打印出所有对象的名字。

```csharp
using UnityEngine;
using System.Collections;

public class Find : MonoBehaviour
{
    void Start()
    {
        GameObject[] goArray = GameObject.FindGameObjectsWithTag("TagGameObject");

        foreach (var item in goArray)
        {
            if (item != null)
            {
                Debug.Log(item.name);
            }
        }
    }
}
```

**Instantiate:** 物体的生成。此函数会通过与编辑器中的复制命令类似的方式创建对象的副本，并可以指定其位置和旋转量。代码如下所示，在脚本执行初始时，克隆一个跟 ts 对象一样的新对象，并将其位置设置为(1，0，0)，旋转量保持原始默认值。

```csharp
using UnityEngine;

public class ExampleClass : MonoBehaviour
{
    public Transform ts;

    void Start()
    {
        Instantiate(ts, new Vector3(1, 0, 0), Quaternion.identity);
    }
}
```

**Destroy:** 物体的销毁，在当前更新循环之后立即销毁或从现在开始指定时间之后销毁对象。代码如下所示，若执行 DestroyGameObject 函数，则在当前更新循环之后，对象立即销毁。若执行 DestroyObjectDelayed 函数，则从现在开始 5 秒之后销毁对象。

```csharp
using UnityEngine;

public class ScriptExample : MonoBehaviour
{
    void DestroyGameObject()
    {
```

```
        Destroy(gameObject);
    }

    void DestroyObjectDelayed()
    {
        Destroy(gameObject,5);
    }
}
```

## 5.5.3 组件相关函数

**SendMessage:** 通过发送消息来调用一个对象的某个函数。代码如下所示，通过SendMessage调用ApplayDamage函数，第二个参数表示ApplyDamage函数的参数为5，第三个参数SendMessageOptions.DontRequireReceiver表示不需要接收者，若设为SendMessageOptions.RequireReceiver（表示需要接收者），则在任何组件均未拾取此消息时输出错误。注意，不会将消息发送到非活动对象（在Unity编辑器中或使用GameObject.SetActive函数设置为已停用的对象）。

```
using UnityEngine;

public class Example : MonoBehaviour
{
    void Start()
    {
        // 调用 ApplyDamage 函数，参数为 5
        SendMessage("ApplyDamage", 5, SendMessageOptions.DontRequireReceiver);
    }

    // 挂到这个对象上的每个脚本，只要拥有 ApplyDamage 函数都会被调用
    void ApplyDamage(float damage)
    {
        print(damage);
    }
}
```

**SendMessageUpWards:** 它的作用和SendMessage类似，只不过它不仅会向当前对象推送一个消息，也会向这个对象的父对象推送这个消息。注意，会遍历所有父对象。

**BroadcastMessage:** 这个函数的作用和SendMessageUpWards的作用正好相反，它不是推送消息给父对象，而是推送消息给所有的子对象。当然，也是会遍历所有的子对象。

## 5.5.4 MonoBehaviour相关函数

### 1. Invoke 延迟执行程序

**Invoke:** 延迟一定时间执行某个函数。如果时间设置为0，则在下一个更新周期调用方法。在这种情况下，直接调用函数会更好。代码如下所示，在2秒后调用fun方法。

```
using UnityEngine;
using System.Collections.Generic;
```

```csharp
public class ExampleScript : MonoBehaviour
{
    void Start()
    {
        Invoke("fun", 2.0f);
    }

    void fun()
    {
        Debug.Log("fun");
    }
}
```

**InvokeRepeating:** 延迟一定时间执行某个函数，然后每隔几秒调用一次。代码如下所示，在2秒后调用fun方法，然后每隔1秒执行一次fun方法。

```csharp
using UnityEngine;
using System.Collections.Generic;

public class ExampleScript : MonoBehaviour
{

    void Start()
    {
        InvokeRepeating("fun", 2.0f, 1.0f);
    }

    void fun()
    {
        Debug.Log("fun");
    }
}
```

**IsInvoking:** 是否有任何待处理的特定方法调用，返回true或false。代码如下所示，初始时延迟6秒调用fun函数，然后每隔2秒重复调用fun函数，在Update函数里使用IsInvoking检测fun函数是否被调用并打印出来。

```csharp
using UnityEngine;
using System.Collections;

public class ExampleScript : MonoBehaviour
{
    void Start()
    {
        InvokeRepeating("fun", 6, 2);
    }

    void Update()
    {
```

```
        Debug.Log(IsInvoking("fun"));
    }

    void fun()
    {
        Debug.Log("fun");
    }
}
```

**CancelInvoke:** 取消调用特定函数。代码如下所示,初始时延迟6秒调用fun函数,然后每隔2秒重复调用fun函数,当调用过fun函数后就使用CancelInvoke取消了fun函数的重复调用。

```
using UnityEngine;
using System.Collections;

public class ExampleScript : MonoBehaviour
{
    void Start()
    {
        InvokeRepeating("fun", 6, 2);
    }

    void fun()
    {
        Debug.Log("fun");
        CancelInvoke("fun");
    }
}
```

## 2. Coroutine 协同执行程序

Unity协程是一个能暂停执行,暂停后立即返回,直到中断指令完成后继续执行的函数。它类似于线程但不是线程,性能开销较小,让我们能够非常方便地编写类似"异步"代码,提高开发效率。可以使用 yield 语句,随时暂停协程的执行。当销毁 MonoBehaviour 或MonoBehaviour附加到的GameObject被禁用,都会停止协程。禁用MonoBehaviour时,不会停止协程。

**StartCoroutine:** 启动协程。代码如下所示,在Start函数中开启了一个名为fun的协程,fun协程的返回值为IEnumerator类型,在fun协程中打印了一行名为fun1的语句。使用yield return null语句,此时协程会暂停执行,并在下一帧自动恢复,然后执行打印一行名为fun2的语句。若使用yield return new WaitForSeconds,表示等待几秒后再进行处理。若使用yield return new WaitForEndOfFrame,是表示等到本帧的帧末再进行处理。若使用yield return new WaitForFixedUpdate,表示等待直到下一个固定帧率更新函数再进行处理。

```
using UnityEngine;
using System.Collections;

public class Coroutine : MonoBehaviour
{
```

```
    void Start()
    {
        StartCoroutine(fun());
    }

    IEnumerator fun()
    {
        Debug.Log("fun1");
        yield return null;
        //yield return new WaitForSeconds(6f);
        //yield return new WaitForEndOfFrame();
        //yield return new WaitForFixedUpdate();
        Debug.Log("fun2");
    }
}
```

**StopCoroutine:** 停止协程。代码如下所示，定义了一个 Coroutine 类型的成员变量 coroutine，开启了一个名为 fun 的协程，并将其存储于 coroutine 变量中，fun 最后通过调用 StopCoroutine(coroutine) 停止了此协程。

```
using UnityEngine;
using System.Collections;

public class Coroutine : MonoBehaviour
{
    private Coroutine coroutine;

    void Start()
    {
        coroutine = StartCoroutine(fun());
    }

    IEnumerator fun()
    {
        Debug.Log("fun1");
        yield return null;
        StopCoroutine(coroutine);
    }
}
```

**StopAllCoroutine:** 停止所有协程。代码如下所示，开启了两个协程，在执行第二个协程后，通过调用 StopAllCoroutines 停止了所有的协程。

```
using UnityEngine;
using System.Collections;

public class Coroutine : MonoBehaviour
{
    void Start()
```

```
{
    StartCoroutine(fun1());
    StartCoroutine(fun2());
}

IEnumerator fun1()
{
    Debug.Log("fun1");
    yield return null;
}

IEnumerator fun2()
{
    Debug.Log("fun2");
    yield return null;
    StopAllCoroutines();
}
}
```

## 5.5.5 Input 输入相关函数

### 1. 键盘输入

**GetKey:** 获取指定按键的状态，即在用户按着指定按键时返回 true，否则返回 false。代码如下所示，在 Update 函数中持续检测键盘的 A 键是否处于按下状态，若是，则执行打印语句"A 键被按下"。只要用户一直按着 A 键，则这行语句会不断打印。注意，GetKey 的参数可以为键位的字符串也可以为 KeyCode 枚举类型的值（KeyCode 枚举定义了所有的键盘按键）。

```
using System.Collections;
using System.Collections.Generic;
using UnityEngine;

public class TestInput : MonoBehaviour
{
    void Start(){
    }

    void Update(){
        //if (Input.GetKey("A"))
        if (Input.GetKey(KeyCode.A))
        {
            Debug.Log("A 键被按下 ");
        }
    }
}
```

**GetKeyDown:** 使用方法与 GetKey 类似，但区别在于如果用户按下按键之后不松开，GetKeyDown 也只会在刚开始按下时返回一次 true，而 GetKey 则是在按下期间持续返回 true。代码如下所示，就算一直按着A键，也只会打印一次"A键被按下"。

```csharp
using System.Collections;
using System.Collections.Generic;
using UnityEngine;

public class TestInput : MonoBehaviour{

    void Start(){
    }

    void Update(){
        if (Input.GetKeyDown(KeyCode.A))
        {
            Debug.Log("A 键被按下 ");
        }
    }
}
```

**GetKeyUp:** 使用方法同GetKeyDown，只是GetKeyUp是在用户松开按键时返回一次true。代码如下所示，当用户松开按键时，打印"A键被松开"；

```csharp
using System.Collections;
using System.Collections.Generic;
using UnityEngine;

public class TestInput : MonoBehaviour{

    void Start(){
    }

    void Update(){
        if (Input.GetKeyUp(KeyCode.A))
        {
            Debug.Log("A 键被松开 ");
        }
    }
}
```

## 2. 鼠标输入

**GetMouseButton:** 返回是否按下了指定的鼠标按键。参数为0表示鼠标左键，1表示鼠标右键，2表示鼠标中键。按下鼠标按键时返回true，释放时返回false。其用法如下面代码所示。

```csharp
using System.Collections;
using System.Collections.Generic;
using UnityEngine;

public class TestInput : MonoBehaviour
{
```

```
    void Start(){
    }

    void Update(){
        if (Input.GetMouseButton(0))
        {
            Debug.Log(" 鼠标左键按下 ");
        }

        if (Input.GetMouseButton(1))
        {
            Debug.Log(" 鼠标右键按下 ");
        }

        if (Input.GetMouseButton(2))
        {
            Debug.Log(" 鼠标中键按下 ");
        }
    }
}
```

**GetMouseButtonDown:** 在用户按下指定鼠标按键的帧期间返回true。需要从Update函数调用该函数（因为每帧都是重置状态）。在用户释放鼠标按键并再次按下鼠标按键前，它不会返回true。其用法如下面代码所示。

```
using System.Collections;
using System.Collections.Generic;
using UnityEngine;

public class TestInput : MonoBehaviour
{
    void Start(){
    }

    void Update(){
        if (Input.GetMouseButtonDown(0))
        {
            Debug.Log(" 鼠标左键按下 ");
        }

        if (Input.GetMouseButtonDown(1))
        {
            Debug.Log(" 鼠标右键按下 ");
        }

        if (Input.GetMouseButtonDown(2))
        {
            Debug.Log(" 鼠标中键按下 ");
        }
    }
}
```

**GetMouseButtonUp:** 在用户释放指定鼠标按键的帧期间返回 true。需要从 Update 函数调用该函数（因为每帧都是重置状态）。在用户按下鼠标按键并再次释放鼠标按键前，它不会返回 true。其用法如下面代码所示。

```csharp
using System.Collections;
using System.Collections.Generic;
using UnityEngine;

public class TestInput : MonoBehaviour
{
    void Start(){

    }

    void Update(){
        if (Input.GetMouseButtonUp(0))
        {
            Debug.Log(" 鼠标左键抬起 ");
        }

        if (Input.GetMouseButtonUp(1))
        {
            Debug.Log(" 鼠标右键抬起 ");
        }

        if (Input.GetMouseButtonUp(2))
        {
            Debug.Log(" 鼠标中键抬起 ");
        }
    }
}
```

3. **虚拟轴输入**

**GetAxis:** 返回由 axisName 标识的虚拟轴的值。

对于键盘和游戏杆输入设备，该值将处于 -1~1。该值的含义取决于输入控制的类型。例如，对于游戏杆的水平轴，值为 1 表示游戏杆向右推到底，值为 -1 表示游戏杆向左推到底；值为 0 表示游戏杆处于中间位置。如果将轴映射到鼠标，该值会有所不同，并且不会在 -1~1。此时，该值为当前鼠标增量乘以轴灵敏度。通常，正值表示鼠标向右 / 向下移动，负值表示鼠标向左 / 向上移动。该值与帧率无关；使用该值时，无须担心帧率变化问题。要设置输入或查看 axisName 的选项，可执行 Edit>Project Settings>Input，这将调出 Input Manager，展开 Axis 可查看当前输入的列表。可以使用其中一个作为 axisName。要重命名输入或更改 Positive Button 等，可展开其中一个选项，然后在 Name 字段或 Positive Button 字段中更改名称。要添加新的输入，可将 Size 字段中的数字加 1。代码如下所示，演示了一个非常简单的模拟汽车在 xz 平面上行驶的脚本。首先定义两个速度变量一个是移动速度，一个是旋转速度。分别使用 Input.GetAxis("Vertical") 和 Input.GetAxis("Horizontal") 获取垂直和水平方向的虚拟轴返回值（-1 至 1 之间的数值），分别与移动速度和旋转速度相乘获得每帧玩家按键产生的移动和旋转分量的数值，再各自与 Time.deltaTime 相乘，以使其在不同帧率的计算机上运行时运动量一致，最后调用 Translate 和 Rotate，分别传入这两个分量，这样玩家即可通过按键操控脚本所在的游戏对象进行移动和旋转。

```
using UnityEngine;
using System.Collections;

public class ExampleClass : MonoBehaviour
{
    public float speed = 10.0f;
    public float rotationSpeed = 100.0f;

    void Update()
    {
        // 获取垂直和水平轴，默认情况下，它们被映射到键盘的上下左右键，取值范围是 -1 到 1
        float translation = Input.GetAxis("Vertical") * speed;
        float rotation = Input.GetAxis("Horizontal") * rotationSpeed;

        // 与 Time.deltaTime 相乘，使之每秒移动 10 米而不是每帧移动 10 米
        translation *= Time.deltaTime;
        rotation *= Time.deltaTime;

        // 沿着对象的 Z 轴移动
        transform.Translate(0, 0, translation);

        // 绕着对象的 Y 轴旋转
        transform.Rotate(0, rotation, 0);
    }
}
```

**GetAxisRaw：** 类似于GetAxis，不同的是GetAxis应用了平滑过滤，返回的是在-1至1之间的数值。而GetAxisRaw未应用平滑过滤，键盘输入将始终为 -1、0 或 1。如果希望自己完成键盘输入的所有平滑处理，这非常有用。

# 5.6 代码编辑器及脚本调试

## 5.6.1 代码编辑器

代码编辑器，即集成开发环境（IDE）是一种计算机软件，提供工具和配套功能来方便开发其他软件。IDE可以帮助开发者在Unity中更高效地编写和调试脚本代码，Unity支持以下IDE。

**MonoDevelop-Unity（Unity 2018.1版本之前与Unity捆绑发行的默认内置IDE）：** 注意，从Unity 2018.1开始，MonoDevelop-Unity不再与Unity一起捆绑发行，并且在Unity 2018.1及后续版本中，也不再支持使用MonoDevelop-Unity进行开发。

**Visual Studio（Windows和macOS上的默认集成开发环境）：** 非常强大的IDE，分为社区版（可免费使用）、专业版、企业版。在Windows和macOS上安装Unity时，默认情况下会安装Visual Studio。在Windows上，可以在选择要下载和安装的组件时将其排除。

**Visual Studio Code（Windows、macOS、Linux）：** 可满足需求且可免费快速使用的开源编辑器。

**JetBrains Rider（Windows、macOS、Linux）：** 快速强大的C#编辑器，有强大的智能提示，完美集成与Unity的双向通信。

## 5.6.2 脚本调试

接下来，以Visual Studio为例，介绍脚本调试的方法。

**01** 先装好Visual Studio，然后在Unity的Preferences偏好设置中找到External Script Editor（执行Unity > Preferences > External Tools > External Script Editor）。设置Visual Studio的.exe所在目录，再打开脚本文件时，将会默认用Visual Studio打开。

**02** 使用本章所述知识创建一个C#脚本，命名为TestDebug，将脚本挂在Main Camera对象上，然后双击脚本用Visual Studio打开。

**03** 在Start函数中加入一行代码Debug.Log("test")，并在这行代码的最左侧单击或当光标在这一行的情况下，按F9键，会出现一个红色圆圈，表示在此加了一个断点。

**04** 单击工具栏中的Attach With Unity按钮或按快捷键F5，如此便将VS与Unity进行了连接，如图5.20所示。

此时回到Unity中运行即可开始调试，当程序一启动，就会在断点所在行中断，此时工具栏中出现更多关于调试控制的按钮，如继续、停止调试、重新启动、逐语句、逐过程、跳出等，还可以借助VS提供的各种调试工具窗口来辅助调试，如通过查看堆栈调试脚本的执行流程，通过监视窗口查看变量的值等，如图5.21所示。

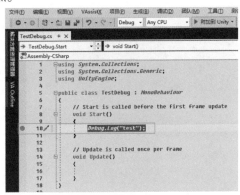

图5.20

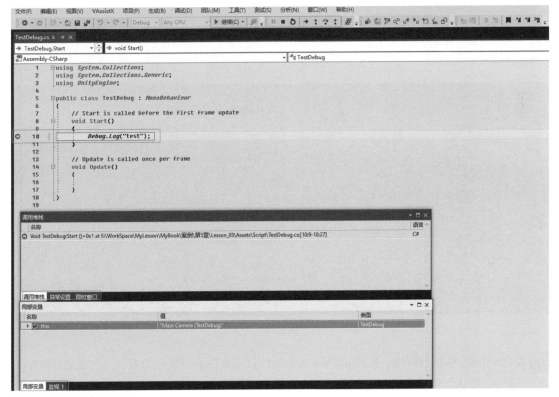

图5.21

## 5.7 本章任务：使用键盘鼠标控制角色行走攻击，让游戏与玩家产生交互

打开漫游项目，编写脚本使玩家可以用键盘鼠标控制武士角色行走攻击，从而让游戏能够与玩家产生交互。

**01** 打开漫游项目的SampleScene场景，在Assets>Samurai目录下，单击选中SamuraiAnimatorController3，按快捷键Ctrl+D复制出一个名为SamuraiAnimatorController4的动画控制器，双击以在Animator窗口中打开并进行编辑，如图5.22所示。

图5.22

**02** 将samuzai_animation_ok.fbx展开，将其下的Idle和Attack3两个动画片段直接拖入Animator窗口中，如图5.23所示。

图5.23

**03** 在Idle节点上单击鼠标右键，在弹出菜单中选择Set as Layer Default State选项，Idle节点变成橘黄色，表示已被设为默认节点，如图5.24所示。

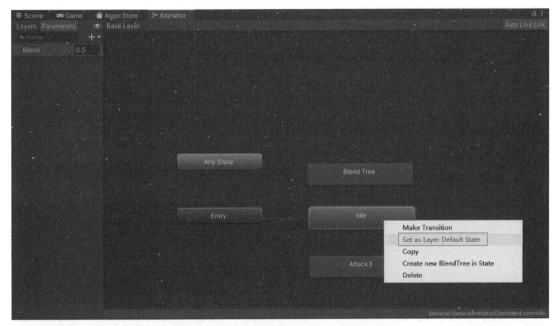

图5.24

**04** 接下来需要修改和添加变量。Animator窗口左侧有一个Parameters参数标签页,其下方左侧有搜索框可以进行参数变量搜索。右侧有一个"+"按钮,单击弹出下拉列表,选择参数变量类型。下方是参数变量列表,每一行都由参数变量名和变量值组成。

**05** 双击Blend参数变量以将其重命名为Direction,将其变量值设置为0.0。单击右侧"+"按钮,添加一个Bool类型的变量Run,用来控制在跑步状态和休闲状态之间切换;再添加一个Trigger类型的变量Attack,用来控制在攻击状态和休闲状态之间切换,参数变量修改并添加完成后如图5.25所示。

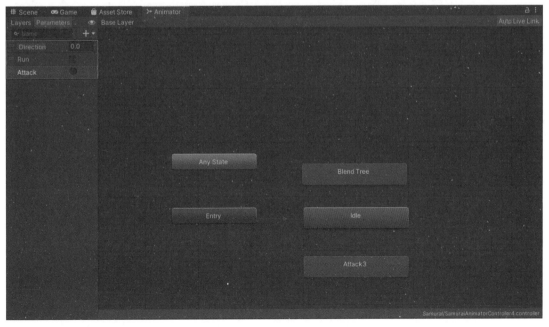

图5.25

**06** 进一步编辑各状态节点之间的连接线和过渡条件。使用本章所学知识，从Idle节点创建一条连接线，连接到Blend Tree节点上，单击连接线，在Inspector窗口的Conditions下单击"＋"按钮以添加一个过渡条件，条件参数设为Run，取值设为true，表示当参数变量Run的值为true时，武士的状态就从休闲状态切换到跑步状态。注意将Has Exit Time属性右侧的复选框取消勾选，表示过渡条件满足时允许立刻切换状态，无须等待当前状态的动画播放完毕。这样后续只要在脚本代码中动态设置Run变量的值，即可实现状态切换，如图5.26所示。

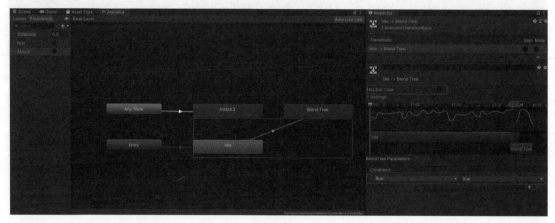

图5.26

**07** 使用同样的方式从Blend Tree节点创建一条连接线，连接到Idle节点，单击连接线，在Inspector窗口中添加过渡条件，条件参数设为Run，取值设为false。这表示当参数变量Run的值为false时，武士的状态就从跑步状态切换回休闲状态。注意将Has Exit Time属性右侧的复选框取消勾选，允许过渡条件满足时立刻切换状态，如图5.27所示。

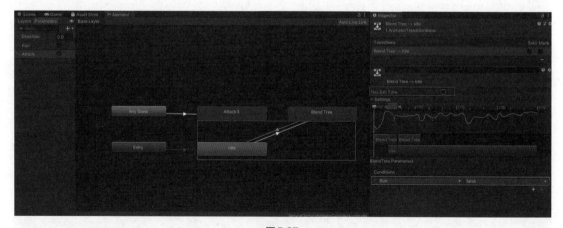

图5.27

**08** 从Any State节点创建一条连接线，连接到Attack3节点，单击连接线，在Inspector窗口中添加过渡条件，条件参数设为Attack。这表示当参数变量Attack触发时，武士的状态就从当前状态切换为攻击状态，如图5.28所示。

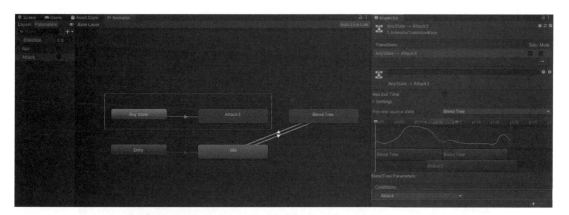

图5.28

**09** 从Attack3节点创建一条连接线，连接到Idle节点，此连接无须添加过渡条件。这表示当Attack3状态的攻击动画播完后，自动无条件地切换回休闲状态，如图5.29所示。

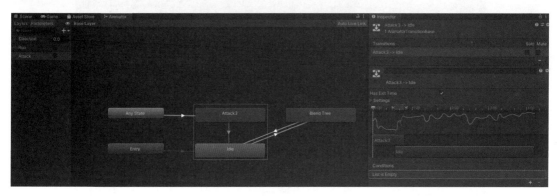

图5.29

**10** 双击Blend Tree进入跑步状态的动画混合树，单击Blend Tree节点，在右侧Inspector窗口中将向左跑、向前跑、向右跑各混合动画的Threshold起始点分别设为-1，0，1，如图5.30所示。

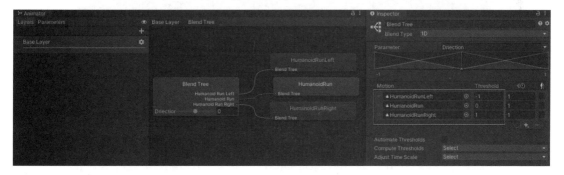

图5.30

**11** 将编辑好的动画控制器SamuraiAnimatorController4拖入Samurai对象的Animator组件的Controller属性内，并勾选Apply Root Motion属性，这个属性是用来控制物体在播放骨骼动画时是否应用骨骼根节点的运动参数，这里希望使用动画自身的位移等运动参数，所以将其勾选，如图5.31所示，若希望在代码中手动控制其运动，则可以不勾选。

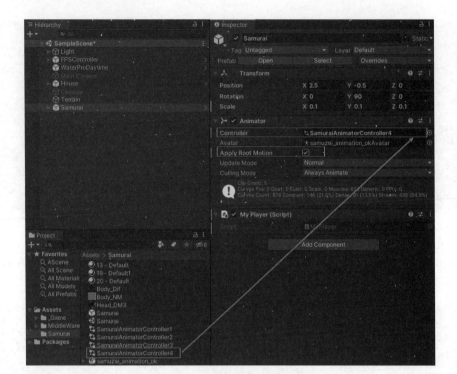

图5.31

**12** 创建一个名为MyPlayer的C#脚本，并将其存放于Assets>_Game>Script目录下，再将脚本拖放在Samurai武士对象上，如图5.32所示。

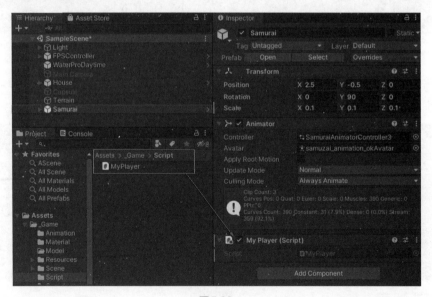

图5.32

**13** 双击MyPlayer.cs脚本，在VS中打开并进行编辑。添加以下代码，详细说明见代码内注释。

```csharp
using System.Collections;
using System.Collections.Generic;
using UnityEngine;
```

```
public class MyPlayer : MonoBehaviour
{
    // 定义动画组件对象
    private Animator animator;

    void Start()
    {
        // 在此脚本所在对象上获取 Animator 组件并赋给 animator 变量
        animator = GetComponent<Animator>();
    }

    void Update()
    {
        // 持续获取键盘 W 键的按下状态，并将返回的 bool 值赋给动画组件的 Run 变量，从而实现了让
玩家按键盘 W 键，影响武士的休闲状态和跑步状态之间的切换
        animator.SetBool("Run", Input.GetKey(KeyCode.W));

        // 获取水平虚拟轴的取值赋给临时变量 direction（取值范围为 -1 到 1）
        float direction = Input.GetAxis("Horizontal");
        // 将返回的 direction 值赋给动画组件的 Direction 变量，从而实现了让玩家按键盘 A/D 键或
左右箭头，影响武士跑步状态的朝向
        animator.SetFloat("Direction", direction);

        // 用户按下鼠标左键时，设置动画组件 Attack 触发，从而实现了让玩家单击鼠标左键，切换到
攻击状态
        if (Input.GetMouseButtonDown(0))
        {
            animator.SetTrigger("Attack");
        }
    }
}
```

14 运行游戏，按W键，武士向前跑，其间同时按A/D键或左右箭头，武士可以朝左侧或朝右侧跑，单击鼠标左键，播放武士攻击动作，如图5.33所示。

图5.33

15 此时玩家除了使用键盘和鼠标对武士进行控制，原本的第一人称控制仍然起作用，所以需要把原来的

第一人称控制去掉，仅保留对武士角色的第三人称控制。在 Hierarchy 窗口中找到 FPSController 对象，并将其删除，如图 5.34 所示。

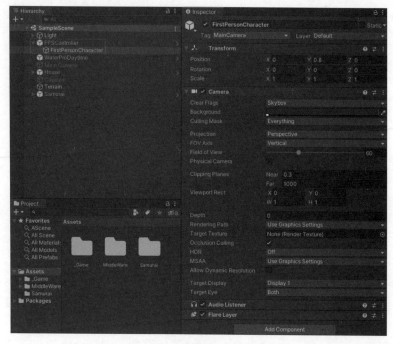

图 5.34

**16** 由于原本的摄像机对象属于 FPSController 的子对象，删除了 FPSController 就没摄像机了，所以需要在 Samurai 武士对象下再添加一个摄像机子对象，并调节 Transform，使其位于武士角色的后上方，并斜向下看，具体属性设置如图 5.35 所示。

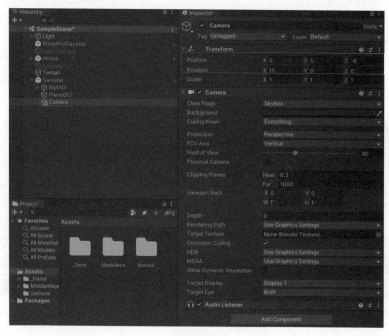

图 5.35

**17** 这样便完成了对武士角色的第三人称控制，使用键盘鼠标控制角色行走攻击，让玩家与游戏产生交互，效果如图5.36所示。

图5.36

## 5.8 本章小结

　　本章介绍了脚本交互相关的知识，依次学习了C#脚本编程、脚本创建与解析、MonoBehaviour脚本生命周期与脚本变量、脚本的响应事件及组件的添加与访问、常用的脚本函数、代码编辑器及脚本调试等知识。最后实现了本章任务，针对之前的漫游项目，添加了对武士角色的第三人称控制，玩家可以使用键盘鼠标控制角色行走攻击，从而让游戏与玩家产生了交互。

CHAPTER

第6章

# 打造游戏视听体验

## 本章学习要点

- 音频文件及导入设置
- Audio Source（声源）
- Audio Listener（倾听者）
- 视频文件及导入设置
- Video Player（视频播放）

在游戏中，背景音乐、音效、配音等都被称为音频，在游戏中具有非常重要的地位，说其占整个游戏体验的50%都不为过。而视频主要用于游戏开头动画、过场动画、结尾动画或一些技能演示等。合理地添加音频和视频，能够极大增强游戏的视听体验。

# ▌ 6.1 音频

游戏中的音频主要分成两大类，一是背景音乐，二是音效。背景音乐的用途主要是烘托声音氛围，其音频文件一般比较长且需要循环播放；而音效一般时长比较短，且在短暂时间内播放完毕。

## 6.1.1 音频文件及导入设置

Unity支持的音频格式主要有以下3种。

**WAV：** 无损，音质好，文件大，适用于较短文件。

**MP3：** 有损，文件小，适用于较长文件，比如游戏背景音乐。

**OGG：** 有损，文件小，适用于较长文件，比如游戏背景音乐。

音频文件的导入比较简单，直接将音频文件拖入Unity的资源窗口即可。将下载资源Sound文件夹下的bgmusic.mp3，拖入Project窗口的Assets的Sound目录（若无此目录，则新创建一个）中即可，此时单击新导入的bgmusic，可在右侧Inspector窗口中显示关于此音频文件的导入设置和预览/试听，如图6.1所示。

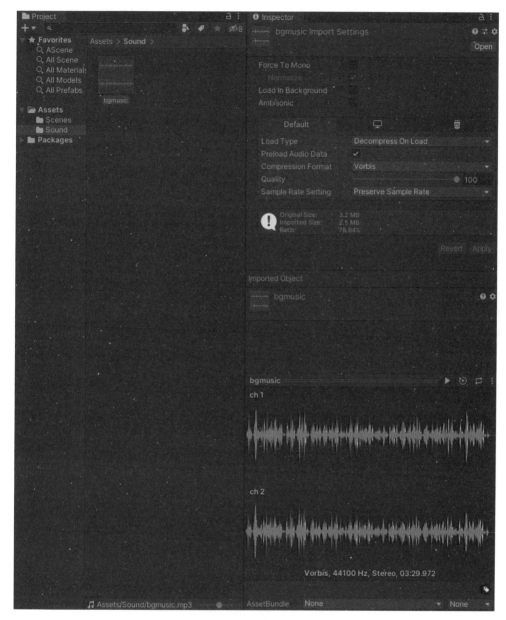

图6.1

在Unity中导入的音频文件被称为AudioClip（音频片段或音频剪辑）。

AudioClip的属性设置见表6.1。

表6.1

| 属性 | 子选项 | 说明 |
|---|---|---|
| Force To Mono | — | 强制单声道 |
| Load In Background | — | 后台加载 |

续表

| 属性 | 子选项 | 说明 |
|---|---|---|
| Ambisonic | — | 高保真立体声 |
| Load Type | — | 加载方式 |
| | Decompress On Load | 默认选项，加载时压缩 |
| | Compressed In Memory | 在内存中压缩 |
| | Streaming | 流式加载 |
| Preload Audio Data | — | 预先加载音频数据 |
| Compression Format | — | 压缩格式 |
| | PCM | 对应 WAV 格式，适用于相对较短、质量较高的音效 |
| | Vorbis | 对应 OGG 格式，适用于相对较长、质量稍低的背景音乐 |
| | ADPCM | 对应 WAV 格式，适用于相对较短、质量较高的音效 |
| Sample Rate Setting | — | 采样率设置 |
| | Preserve Sample Rate | 默认选项，保持文件默认采样率 |
| | Optimize Sample Rate | 自动优化采样率 |
| | Override Sample Rate | 手动设置采样率，选中此选项时，下方会出现下拉列表框，允许具体设置一个采样率 |

除以上所示属性外，下方还有音频文件信息的显示。例如，Original Size（原始大小）；Imported Size（导入大小）；Ratio（导入大小占原始大小的比率）。另外还有两个按钮，若对以上表格内的属性进行了修改，需要单击 Apply 按钮进行应用或单击 Revert 按钮进行撤销。

最下方为 AudioClip 的预览 / 试听窗口，可以控制手动播放 / 停止、自动播放、循环播放和拖曳播放音频及查看音频波形，以及当前音频时间戳、压缩格式、采样率、声道、音频总时长等。

## 6.1.2 Audio Source（声源）

若要在场景中使用刚导入的 AudioClip 文件，最简单的操作方式就是将 bgmusic 直接拖入 Hierarchy 窗口中，此时会生成同名的 bgmusic 对象。单击此对象，在 Inspector 窗口中会发现 bgmusic 对象挂有一个名为 Audio Source 的组件，所谓 Audio Source，即为声源，也就是声音的发出者，如图 6.2 所示。

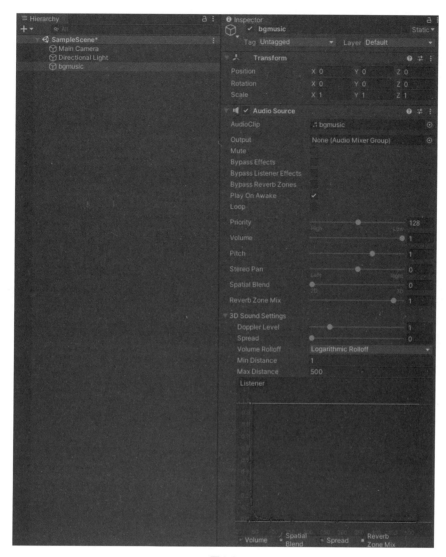

图6.2

此时，运行游戏，即可听到背景音乐的声音正常播放了。但音频只播放一遍之后就停止了，没有循环播放，只需勾选 Audio Source 组件下的 Loop 属性即可循环播放，更多属性说明见表6.2。

表6.2

| 属性 | 说明 |
|---|---|
| AudioClip | 音频片段/剪辑，即指定要播放的音频 |
| Output | 输出，可以创建并指定一个 Audio Mixer Group |
| Mute | 是否静音 |
| Bypass Effects | 忽略效果 |
| Bypass Listener Effects | 忽略监听器效果 |
| Bypass Reverb Zones | 忽略混响器 |

续表

| 属性 | 说明 |
|---|---|
| Play On Awake | 激活时自动播放 |
| Loop | 是否循环播放 |
| Priority | 优先级，取值范围0~256，数值越小，优先级越高 |
| Volume | 音量，取值范围0~1 |
| Pitch | 音调，通过加速/减速来改变音调，取值范围-3~3，默认音调为1，正常播放速度 |
| Stereo Pan | 立体声道，取值范围-1~1，-1表示左声道，1为右声道。默认为0 |
| Spatial Blend | 空间混合，取值范围0~1，0表示2D音频，1表示全3D音频 |
| Reverb Zone Mix | 混响器混合 |
| Doppler Level | 3D音频设置。多普勒效应的级别，取值范围0~5，0表示没有多普勒效应的效果 |
| Spread | 3D音频设置。扩散传播角度，取值范围0~360 |
| Volume Rolloff | 3D音频设置。音量衰减。可以进一步设置衰减模式：Logarithmic Rolloff（对数衰减）、Linear Rolloff（线性衰减）、Custom Rolloff（自定义衰减）。最下方为音量随距离变化进行衰减的曲线图 |
| Min Distance | 3D音频设置。衰减的最小距离 |
| Max Distance | 3D音频设置。衰减的最大距离 |

## 6.1.3 Audio Listener（倾听者）

在游戏中要听到声音，除了AudioClip（音频剪辑），Audio Source（音源）之后，还需要Audio Listener（倾听者）。在之前的小节中，之所以看起来在没加Audio Listener的情况下运行游戏，音频也能正常播放，这是因为Unity默认创建场景时自带的Main Camera对象上已经挂了一个Audio Listener组件，如图6.3所示。

图6.3

Audio Listener组件比较简单，没有任何可调的属性。将Audio Listener挂在Main Camera上，这在大多数情况下是能够满足需求的，尤其是只需要播放跟3D位置无关的2D音频或背景音乐时。但值得注意的是Audio Listener可以挂于任意位置、任意对象上，如果要播放3D音效，则需要注意Audio Listener和Audio Source所在对象的位置，若二者距离大于音频衰减范围，则无法听到声音。

## 6.1.4 Audio Mixer（音效混合器）

在上文Audio Source组件的介绍中，Unity提供了一个名为Output的属性，可以设置一个Audio Mixer Group类型的资源为声源提供各种音效混合的效果。而Audio Mixer Group音频混合器组资源是在Audio Mixer音效混合器窗口中进行创建的。具体操作方式如下。

**01** 在菜单栏Window下，将光标悬停在Audio模块上，右侧展开子选项Audio Mixer，在其上单击以打开Audio Mixer窗口（或直接按快捷键Ctrl+8），如图6.4和图6.5所示。

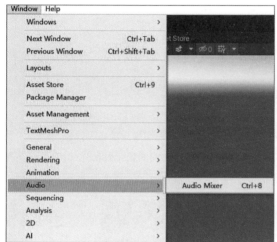 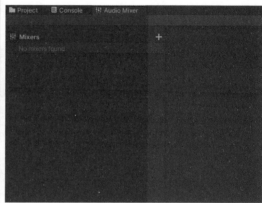

| 图6.4 | 图6.5 |

**02** 单击Mixer右侧的"+"按钮以新建一个Audio Mixer，可对其重命名，默认名为NewAudioMixer，如图6.6和图6.7所示。

| 图6.6 | 图6.7 |

**03** 此时可发现NewAudioMixer的Groups下已经默认创建了一个名为Master的Audio Mixer Group，将Master拖入bgmusic组件下的Output一栏中即可，如图6.8所示。

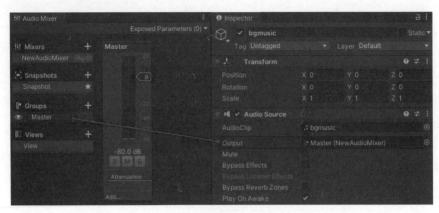

图6.8

当运行游戏时，可以看到 Audio Mixer 窗口中右侧的 Master 区域可以实时看到音阶分贝的波动，如图6.9所示。

**04** Master 区域中，靠下部分有 S、M、B 这3个字母按钮。若单击 S 按钮，则表示独奏，只播放当前音轨（可以创建多个音轨）；若单击 M 按钮则表示静音；若单击 B 按钮，则表示过滤掉音轨上附属的效果。

按钮下方为音轨上已经添加的效果列表。可以通过单击最下方的 Add 按钮来添加各种效果。例如，添加一个回声效果，可单击 Add，在弹出的效果列表中选择 Echo，同时在右侧的 Inspector 窗口中可调节整个 Master 所有效果的参数，如图6.10和图6.11所示。

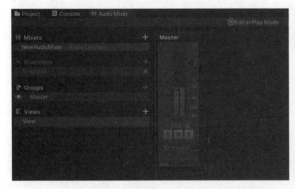

图6.9

图6.10

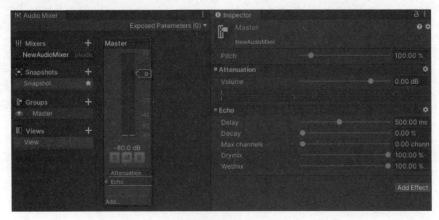

图6.11

此时，运行游戏，bgmusic
背景音乐已经有了回声的效果。

**05** 另外，可以单击Audio Mixer
窗口中Groups右侧的"+"按钮来
添加更多的Audio Mixer Group，
再将新的 Audio Mixer Group拖
入bgmusic组件的Output属性
一栏中，即可产生多个Audio
Mixer Group混合的效果，如
图6.12和图6.13所示。

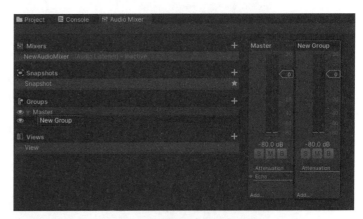

图6.12

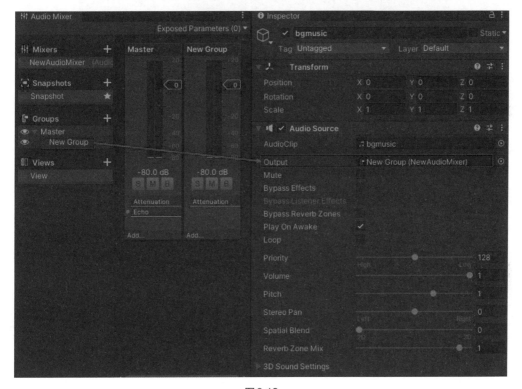

图6.13

## 6.1.5 Audio Reverb Zone（混音区域）

Unity提供了混音区域（Audio Reverb Zone）功能，可以模拟出不同环境下的逼真音效（比如进入洞穴等）。

混音区域的使用方式比较简单，只需要在Audio Source（声源）所在的游戏对象上添加Audio Reverb Zone这个组件即可，如图6.14和图6.15所示。

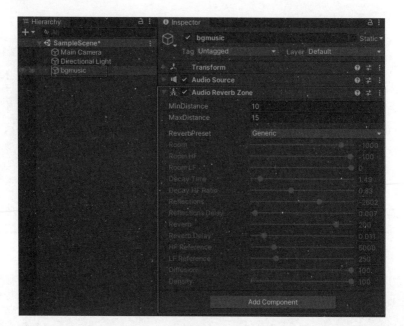

图6.14

图6.15

Audio Reverb Zone的属性见表6.3。

表6.3

| 属性 | 功能 |
|---|---|
| MinDistance | 表示辅助图标中内圆的半径，决定了逐渐出现混响效果的区域和完整的混响区 |
| MaxDistance | 表示辅助图标中外圆的半径，决定了没有效果的区域和开始逐渐应用混响的区域 |
| ReverbPreset | 决定了混响区将使用的混响效果。可以选择Unity预置的混响效果，也可以自定义，调节下方的具体效果属性即可 |

## 6.1.6 Audio Filter（音频滤波器）

Unity提供了音频滤波器来过滤声音的频率范围或应用混响和其他效果。这些效果的实现，需要添加效果组件到带有音频源或音频监听器的对象上。

可添加的Audio Filter（音频滤波器）组件见表6.4。

表6.4

| Audio Filter组件 | 说明 |
|---|---|
| Audio Low Pass Fileter（音频低通滤波器） | 传递音频源的低频或音频监听器接收的音源低频，并且移除比Cutoff Frequency（截止频率）高的频率 |
| Audio High Pass Fileter（音频高通滤波器） | 传递音频源的高频率，并对频率低于截止频率的信号进行截止 |
| Audio Echo Filter（音频回声滤波器） | 在给定的Delay（延时）之后重复声音，并根据Decay Ratio（衰减率）衰减重复的声音，产生回声的效果 |
| Audio Distortion Filter（音频失真滤波器） | 可将来自音频源的声音或到达音频监听器的声音进行失真处理 |
| Audio Reverb Filter（音频混响滤波器） | 将获取音频剪辑并对其进行失真处理以创建自定义的混响效果 |
| Audio Chorus Filter（音频合声滤波器） | 获取一个音频剪辑并对其进行处理以产生合唱效果 |

值得注意的是，组件添加的排序很重要，因为它代表应用于音频源的顺序。如图6.16所示，音频监听器首先由Audio Low Pass Filter（音频低通滤波器）修改，然后由Audio Chorus Filter（音频合声滤波器）修改。

图6.16

## 6.2 视频

使用 Unity 的视频系统可将视频集成到游戏中。视频素材可以增加真实感，降低渲染复杂性，或辅助集成一些外部可用内容。

## 6.2.1 视频文件及导入设置

Unity支持的视频文件的典型文件扩展名包括MP4、MOV、WEBM和WMV等。其导入方式类似音频，也是将视频文件直接拖入Project窗口的Assets下的资源目录中即可。导入的视频文件被称为VideoClip（视频剪辑），单击视频剪辑，在右侧Inspector窗口中同样可以看到视频预览和视频剪辑的属性设置。以下载资源中的视频资源导入为例，将下载资源的Video文件夹下的testvideo.mp4直接拖入Project窗口的Assets>
Video目录（若无Video目录，则先新建一个即可）下，单击导入的testvideo.mp4，在Inspector窗口中对其
进行预览和属性设置，如图6.17所示。

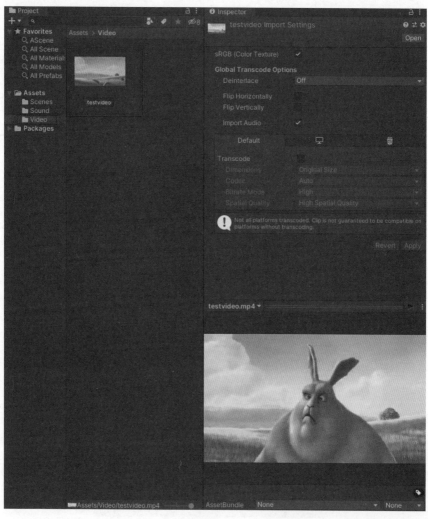

图6.17

右下方是视频的预览窗口，可以通过单击播放/停
止按钮来进行控制，还可以切换视频效果预览和视频
文件信息展示，如图6.18所示。

视频剪辑的属性设置如下所示。

**sRGB:** 纹理内容是否存储在Gamma空间。

**Deinterlace:** 控制隔行扫描源在转码期间如何
解除隔行扫描。

◆ **Off:** 源文件没有隔行扫描，并且没有要执行的
处理（这是默认设置）。

◆ **Even:** 采用每个帧的偶数行，将其插入以创建

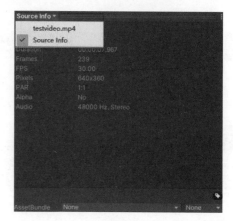

图6.18

缺失内容。丢弃奇数行。

◆ **Odd:** 采用每个帧的奇数行，将其插入以创建缺失内容。丢弃偶数行。

**Flip Horizontally:** 如果选中此复选框，则在转码期间将源内容沿水平轴翻转实现倒播。

**Flip Vertically:** 如果选中此复选框，则在转码期间将源内容沿垂直轴翻转以使其左右互换。

**Import Audio:** 如果选中此复选框，则在转码期间导入音频轨道。仅对具有音频轨道的源显示此属性。

**Transcode:** 选中复选框启用该属性时，源将转码为与目标平台兼容的格式。如果禁用，则使用原始内容，绕过可能漫长的转码过程。

◆ **Dimensions:** 控制源文件内容的大小调整方式。

○ **Original Size:** 保持原始大小。

○ **Three Quarter Res:** 将源的大小调整为其原始宽度和高度的3/4。

○ **Half Res:** 将源的大小调整为其原始宽度和高度的一半。

○ **Quarter Res:** 将源的大小调整为其原始宽度和高度的1/4。

○ **Square 1024:** 将源大小调整为1024×1024正方形图像。宽高比可控。

○ **Square 512:** 将源大小调整为512×512正方形图像。宽高比可控。

○ **Square 256:** 将源大小调整为256×256正方形图像。宽高比可控。

○ **Custom Size:** 将源大小调整为自定义分辨率。宽高比可控。Width表示所生成图像的宽度。Height表示所生成图像的高度。Aspect Ratio表示调整图像大小时使用的宽高比。No Scaling表示根据需要添加黑色区域以保留原始内容的宽高比。Stretch表示拉伸原始内容以填充目标分辨率，而不留下黑色区域。

◆ **Codec:** 用于将视频轨道编码的编解码器。

○ **Auto:** 为目标平台选择最合适的视频编码解码器。

○ **H264:** MPEG-4 AVC视频编解码器，受到大多数平台上的硬件支持。

○ **VP8:** VP8视频编解码器，受到大多数平台上的软件支持，并受到Android和WebGL等几个平台的硬件支持。

◆ **Bitrate Mode:** 比特率模式，分为低、中、高三档。

◆ **Spatial Quality:** 此设置决定视频图像在转码过程中是否压缩大小，缩小意味着它们占用的存储空间更少。但是，调整图像大小也会导致在播放期间出现模糊问题。

○ **Low Spatial Quality:** 在转码期间图像大小显著减小（通常为原始尺寸的1/4），然后在播放时扩展回原始大小。这是调整图像大小的最大量，意味着它可以节省最多的存储空间，但在播放时会产生最大的模糊度。

○ **Medium Spatial Quality:** 在转码期间图像大小适度减小（通常为原始尺寸的一半），然后在播放时扩展回原始大小。虽然有一定的大小调整，但是图像将比使用Low Spatial Quality选项的图像更清晰，所需存储空间更大。

○ **High Spatial Quality:** 如果选择此选项，则不会调整大小。这意味着在转码期间图像大小不会减小。因此将保持视频的原始视觉清晰度。

## 6.2.2 Video Player（视频播放）

Unity提供了专门的Video Player（视频播放）组件来播放视频。

与音频的播放类似，最简单的播放视频的操作方式是直接将导入的视频剪辑拖入Hierarchy窗口中，这样Unity会自动生成一个同名的对象，并挂载了Video Player组件，此时运行游戏，将能看到视频已经正常播放了，如图6.19和图6.20所示。

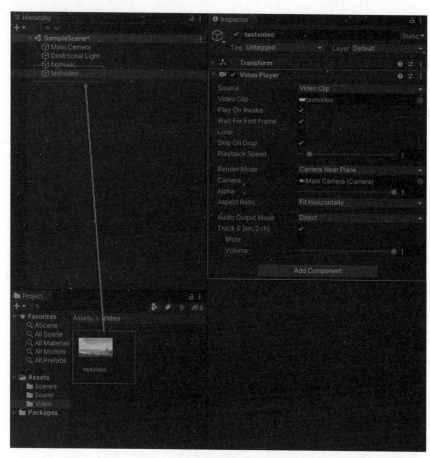

图6.19

图6.20

关于Video Player组件的更多属性介绍如下。

**Source:** 选择视频源类型。

◆ **Video Clip:** 视频源为指定的视频剪辑。

◆ **URL:** 从URL（如http://或file://）分配视频，Unity在运行时从此URL读取视频。URL表示输入要分配给视频播放器的视频的URL。Browse表示单击此项可快速浏览本地文件系统并打开以file://开头的URL。

**Play On Awake:** 勾选该复选框可在场景启动时播放视频。如果希望在运行时的其他时机触发视频播放，则取消勾选此复选框。此情况下可使用Play()命令通过脚本触发视频播放。

**Wait For First Frame:** 如果勾选该复选框，Unity将在游戏开始前等待源视频的第一帧准备好显示。如果取消勾选此复选框，可能会丢弃前几帧以使视频时间与游戏的其余部分保持同步。

**Loop:** 勾选该复选框可使视频播放器组件在源视频到达结尾时循环播放视频。如果未勾选此复选框，视频到达结尾时将停止播放。

**Skip On Drop:** 为了赶上当前时间戳允许跳帧。

**Playback Speed:** 此滑动条和数字字段表示播放速度的乘数，为0~10的值。默认情况下，该字段设置为1（正常速度）。如果该字段设置为2，则视频以其正常速度的两倍进行播放。

**Render Mode:** 使用下拉列表来选择视频的渲染方式。

◆ **Camera Far Plane:** 在摄像机的远平面上渲染视频。Camera表示定义接收视频的摄像机。Alpha表示添加到源视频的全局透明度级别。

◆ **Camera Near Plane:** 在摄像机的近平面上渲染视频。Camera表示定义接收视频的摄像机。Alpha表示添加到源视频的全局透明度级别。

◆ **Render Texture:** 将视频渲染到渲染纹理中。Target Texture表示定义视频播放器组件用于渲染图像的渲染纹理。

◆ **Material Override:** 通过游戏对象渲染器的材质将视频渲染到游戏对象的选定纹理属性中。Renderer表示接收渲染图像的渲染器。默认为None，表示使用与视频播放器组件位于同一游戏对象上的第一个渲染器。

◆ **API Only:** 将视频渲染到VideoPlayer.texture脚本API属性中。必须使用脚本将纹理分配给其预期目标。

**Aspect Ratio:** 在使用相应的渲染模式（Render Mode）时，用于填充摄像机近平面（Camera Near Plane）、摄像机远平面（Camera Far Plane)或渲染纹理（Render Texture)的图像的宽高比。

◆ **No Scaling:** 不使用缩放。视频在目标矩形内居中。

◆ **Fit Vertically:** 对源进行缩放以垂直适应目标矩形，在必要时裁剪左侧和右侧或在每侧留下黑色区域。此情况下保留源宽高比。

◆ **Fit Horizontally:** 对源进行缩放以水平适应目标矩形，在必要时裁剪顶部和底部区域或在顶部和底部留下黑色区域。此情况下保留源宽高比。

◆ **Fit Inside:** 对源进行缩放以适合目标矩形而不必裁剪。根据需要，在左侧和右侧或上方和下方留下黑色区域。此情况下保留源宽高比。

◆ **Fit Outside:** 对源进行缩放以适应目标矩形，而不必在左侧和右侧或上方和下方留下黑色区域，可根据需要进行裁剪。此情况下保留源宽高比。

◆ **Stretch:** 在水平和垂直方向均进行缩放以适应目标矩形。不会保留源宽高比。

**Audio Output Mode:** 定义如何输出源的音频轨道。

◆ **None:** 不播放音频。

◆ **Audio Source:** 音频样本发送到选定音频源，允许应用 Unity 的音频处理。Controlled Tracks 表示视频中的音频轨道数量。仅在 Source 为 URL 时显示。Source 为 Video Clip 时，通过检查视频文件来确定轨道数。Track Enabled 表示勾选相关复选框启用后，关联的音频轨道将用于播放。必须在播放前设置此项。复选框左侧的文本提供有关音频轨道的信息，具体而言就是音频轨道编号、语言和通道数。例如，文本为 Track 0 [und.1 ch] 时表示它是第一个音频轨道（Track 0），语言未定义（und.），并且该音频轨道有一个声道（1 ch），表示它是单声道音频轨道。当源为 URL 时，此信息仅在播放期间可用。Audio Source 表示用于播放音频轨道的音频源。

◆ **Direct:** 音频样本绕过 Unity 的音频处理，直接发送到音频输出硬件。

◆ **API Only (Experimental):** 音频样本发送到关联的 AudioSampleProvider。

## 6.3 本章任务：添加音乐音效和片头视频，打造游戏视听体验

打开漫游项目，接下来将为漫游场景添加背景音乐和环境音效，并添加游戏开头视频动画，增强游戏的视听体验。

**01** 导入音视频资源。将下载资源中 Video 文件夹下的 introvideo.mp4 和 Sound 文件夹下的 battlebg.mp3、water.mp3 分别拖入 Project 窗口的 Assets>_Game 目录下的 Video 和 Sound 文件夹内，如图 6.21 和图 6.22 所示。

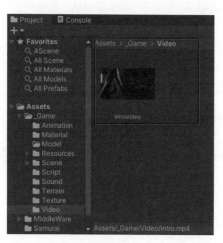

图6.21

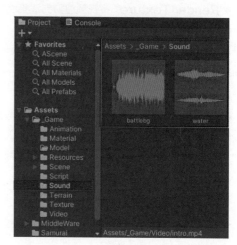

图6.22

**02** 添加背景音乐。打开漫游项目的 SampleScene 场景，将 Project 窗口中刚导入的背景音乐 battlebg 直接拖入 Hierarchy 窗口中，生成 battlebg 对象，在右侧 Inspector 窗口中将 Audio Source 组件的 Loop 复选框勾选，以启用循环播放，运行游戏，此时背景音乐就能正常播放了，如图 6.23 所示。

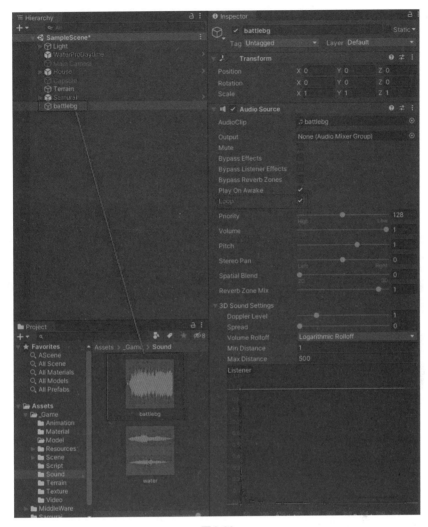

图6.23

**03** 添加流水的环境音效。

流水的环境音效要添加在水面处，并且是3D音效，这样当角色靠近时，声音逐渐增大，当角色远离时，声音逐渐衰减，直至无法听见。

在Project窗口中找到导入的音频剪辑water，并将其拖入Hierarchy窗口的WaterProDaytime对象上，单击WaterProDaytime对象，在Inspector窗口中发现成功添加了AudioSource组件，且AudioClip属性默认设置为了音频剪辑water。

由于流水音效需要循环播放，所以需要将Loop复选框勾选上。

拖曳Spatial Blend属性右侧的滑动条到最右端，将其设为3D音效。

设置音频的衰减。可以将Volume Rolloff设为Linear Rolloff（线性衰减），将Min Distance设为4，Max Distance设为6。在Scene场景中可以实时看到其衰减范围（蓝色的球形范围辅助线框）。此时运行游戏，发现已经实现了预期的效果，即主角武士一开始因为离水域比较远，所以听不到水声，控制武士逐渐靠近水域，水流声逐渐增大，而当武士逐渐远离水域，水流声逐渐减小，直至无法听见水流声，如图6.24和图6.25所示。

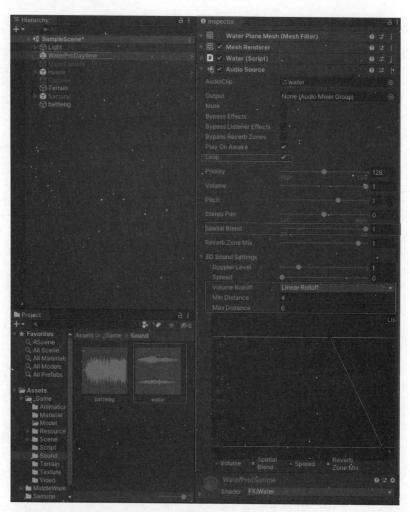

图6.24

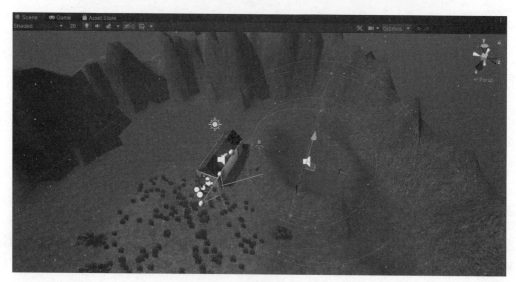

图6.25

**04** 接下来，添加游戏开头视频动画。

为了实现开头视频动画，新建一个初始场景专门播放视频，并通过脚本实现按下任意键即跳转到漫游场景的功能。

保存漫游场景，在 Project 窗口的 Assets>_Game>Scene 目录下创建一个名为 IntroScene 的场景。双击打开 IntroScene 以进行编辑，如图 6.26 所示。

**05** 到 Project 窗口的 Assets>_Game>Video 目录下，将 introvideo 拖入 Hierarchy 窗口中，自动生成introvideo 对象，如图 6.27 所示。

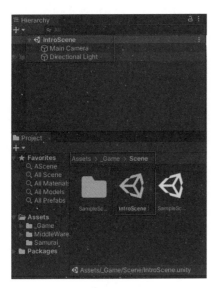
图 6.26

图 6.27

此时运行游戏，视频即可正常播放，如图 6.28 所示。

图 6.28

**06** 在 Project 窗口的 Assets>_Game>Script 目录下，创建一个名为 IntroScene 的 C# 脚本，双击后可以在编辑器中打开并进行编辑，添加以下代码，具体解释说明见代码中的注释。

```
1. using System.Collections;
```

```
2.  using System.Collections.Generic;
3.  using UnityEngine;
4.
5.  // 导入 SceneManager 所在的命名空间
6.  using UnityEngine.SceneManagement;
7.
8.  public class IntroScene : MonoBehaviour
9.  {
10.     void Start()
11.     {
12.
13.     }
14.
15.     void Update()
16.     {
17.         // 按下任意键
18.         if (Input.anyKeyDown)
19.         {
20.             // 使用 SceneManager 的 LoadScene 方法加载场景，参数为场景 ID，
21.             // 即在 Unity 编辑器 BuildSetting 中添加的场景列表中的场景顺序
22.             SceneManager.LoadScene(1);
23.         }
24.     }
25. }
```

**07** 将脚本添加到 Hierarchy 窗口中的 introvideo 对象上，如图 6.29 所示。

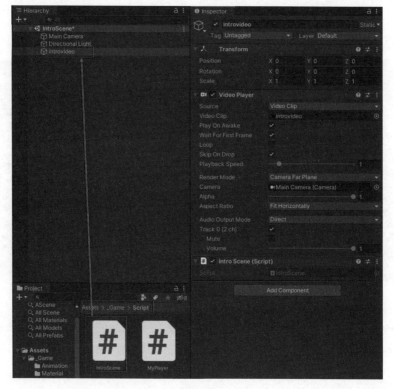

图 6.29

**08** 单击Unity菜单栏File下的Build Settings...选项（或直接按快捷键Ctrl+Shift+B）打开Build Settings（构建设置）窗口，如图6.30和图6.31所示。

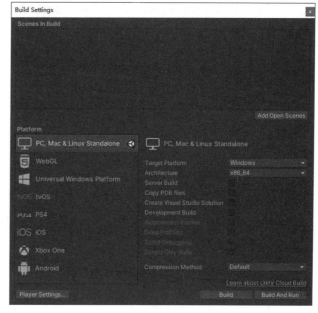

图6.30                                    图6.31

**09** 将Project窗口的Assets>_Game>Scene目录下的两个场景都拖入Build Settings窗口的Scenes In Build（场景构建列表）中，注意先后顺序，确保IntroScene在上方且id为0，SampleScene在下方且id为1，如图6.32所示。

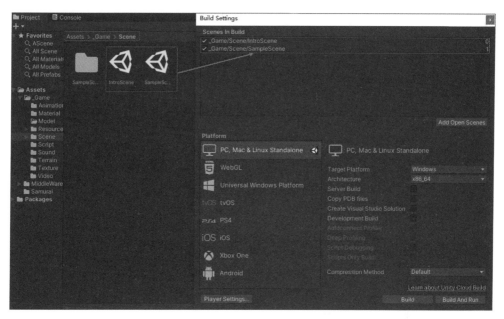

图6.32

关闭Build Settings窗口，此时运行游戏，视频播放，按下键盘或鼠标的任意按键，即可跳过开头视频，切换到漫游场景。

## 6.4 本章小结

本章介绍了音视频相关的知识。音频方面主要介绍了Unity支持的音频格式及导入设置，还有播放声音的关键组件Audio Source（声源）和Audio Listener（倾听者），接着了解了音效混合器、混音区域、音频滤波器等知识，用于为声音添加更多丰富的效果。视频方面主要介绍了Unity支持的视频格式及导入设置，还有播放视频的关键组件Video Player。最后实现了本章任务，针对之前的漫游项目，添加了游戏开头视频动画及漫游场景的背景音乐和3D环境音效，大大增强了游戏的视听体验。

CHAPTER

第7章
# UI界面显示

## 本章学习要点

- UI元素创建及Canvas画布
- UI界面布局
- UI元素

　　UI界面指的就是用户界面。玩家打开游戏后，首先映入眼帘的就是游戏的UI界面，所以一款游戏的UI界面就相当于一个店铺的门面，对玩家的第一印象有至关重要的影响。Unity中内置的最常用的UI界面系统名为UGUI，它具有代码开源、功能强大、渲染高效、灵活易用等优点。

# 7.1　UI 元素的创建及 Canvas 画布

## 7.1.1　UI元素的创建

　　在Unity中，所有可创建的UI元素都在菜单栏GameObject>UI下。以创建一个Button按钮元素为例，从菜单栏中找到并单击GameObject>UI>Button选项即可，与此同时，还默认创建了其父节点Canvas画布对象和Event System事件系统对象，如图7.1~图7.4所示。

图7.1

图7.2

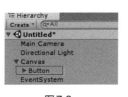

图7.3

图7.4

## 7.1.2　Canvas画布

　　就像绘画都会有一个画板或画纸作为载体一样，UI元素的渲染也需要有Canvas画布作为载体才行。

如果创建UI元素时场景中没有Canvas画布对象，则Unity就会自动创建一个，并作为UI元素的父节点。当然也可以通过菜单栏GameObject>UI>Canvas选项来主动创建一个画布。在Hierarchy窗口中，允许有多个Canvas画布同时存在，而且支持Canvas画布嵌套，如图7.5和图7.6所示。

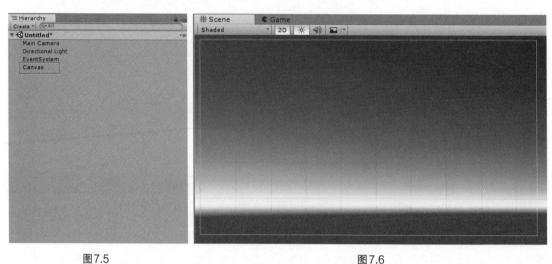

图7.5                                   图7.6

因为UI界面通常是平面的，所以在编辑UI界面时，一般会把编辑窗口调成2D模式，这样比较方便查看效果，如图7.7所示。

创建画布后，在画布的属性面板中默认会添加3个组件，分别是Canvas、Canvas Scaler和Graphic Raycaster。其中Canvas组件是最核心的组件，而Canvas组件中最重要的属性是Render Mode（渲染模式）。渲染模式有3种，分别是Screen Space-Overlay、Screen Space-Camera和World Space，如图7.8所示。

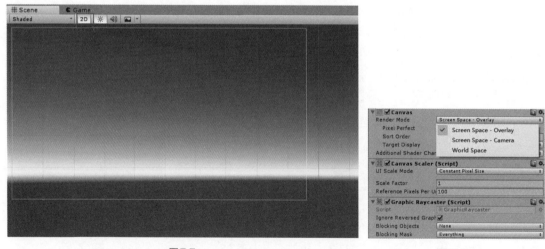

图7.7                                   图7.8

**Screen Space-Overlay模式：** 在此渲染模式下，画布会直接在屏幕空间渲染，并自适应缩放，与其所在世界位置和场景中的摄像机无关，如图7.9所示。

**Screen Space-Camera模式：** 在此模式下，画布被放在指定摄像机前的一个指定距离处，通过该摄像机进行渲染。如果摄像机前同时有其他对象，如粒子特效和3D模型等，则会与UI产生遮挡关系，如图7.10和图7.11所示。

图7.9

图7.10

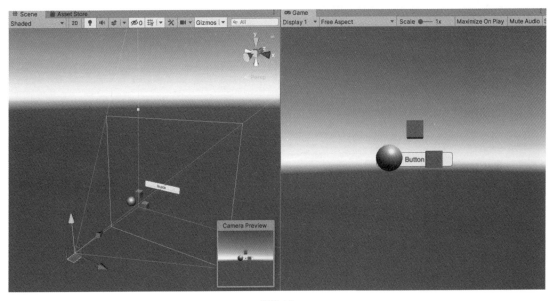

图7.11

**World Space模式：** 在此模式下，UI被当作场景中其他3D对象类似的一部分来处理，可应用Rect Transform（矩形变换），也可产生遮挡关系，如图7.12和图7.13所示。

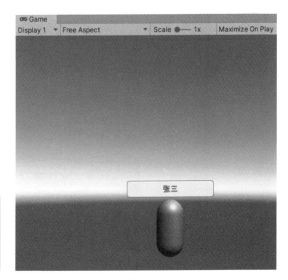

图7.12

图7.13

## 7.1.3 Canvas Scaler组件

Canvas Scaler（画布缩放器），用于控制画布内所有UI元素的整体缩放和像素密度，是实现UI自适应的重要组件，如图7.14所示。

　　画布缩放有以下3种模式。值得注意的是：若Canvas画布的渲染模式为World，则无法编辑画布缩放模式。

　　**Constant Pixel Size:** 固定像素大小，与屏幕大小无关，可以设置固定的缩放系数，如图7.15所示。

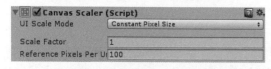

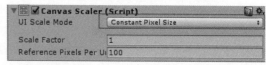

图7.14                                    图7.15

　　**Scale With Screen Size:** 根据屏幕大小进行缩放，需要设置Reference Resolution参照分辨率和相应的缩放规则，以在不同分辨率的设备上实现UI自适应，如图7.16所示。

　　**Constant Physical Size:** 固定物理大小。需要设置物理单位，如图7.17所示。

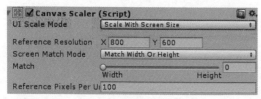

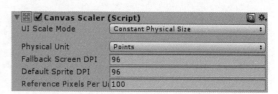

图7.16                                    图7.17

## 7.1.4　Canvas Renderer组件

　　Canvas Renderer（画布渲染器），用于渲染Canvas画布下的UI图形对象，此组件没有任何公开属性可设置，如图7.18所示。

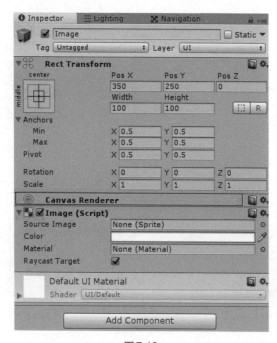

图7.18

## 7.1.5 Canvas Group组件

Canvas Group（画布组）可集中控制整组UI元素的某些属性，无须为每个UI子元素进行单独设置。

要添加画布组组件，需要先创建一个空游戏对象，然后单击菜单栏Component>Layout>Canvas Group选项即可，如图7.19和图7.20所示。

在Canvas Group组件中，可以设置整组UI元素的不透明度、是否可交互等属性，如图7.21所示。

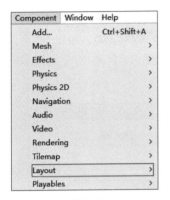

图7.19

图7.20

图7.21

## 7.2 UI 界面布局

## 7.2.1 Rect Transform和Rect工具

Rect Transform（矩形变换）是专门用于UGUI的变换组件，相较于Transform变换组件而言，除了基本的平移、旋转、缩放外，还提供了宽高尺寸设置和布局等更多丰富的功能，如图7.22所示。

其具体属性如下。

**Pos X、Pos Y、Pos Z：** 矩形轴心点相对于锚点的位置。仅当锚点控制柄关闭时，Pos X和Pos Y才会显示。

**Width、Height：** 设置UI元素的宽度和高度。仅当锚点打开时，Width和Height才会显示。

**Left、Top、Right、Bottom：** 矩形边缘相对于锚点的位置。分别设置从父元素的左边、上边、右边、下边到UI元素的左边、上边、右边、下边的距离。仅当锚点控制柄打开时，Left、Top、Right、Bottom才会显示，替代原来的Pos X、Pos Y、Width、Height。

**Anchors：** 矩形左下角Min和右上角Max的锚点。

**Pivot：** 矩形旋转围绕的轴心点的位置。取值范围是0~1，可以是小数，其中（0，0）表示左下方，（1，1）表示右上方。值得注意的是，只有在Pivot模式下才能调整Pivot轴心点的位置，如图7.23和图7.24所示。

**Rotation：** UI旋转。绕轴心点沿各轴的旋转角度。

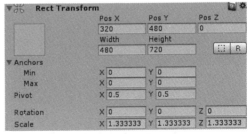

图7.22

图7.23

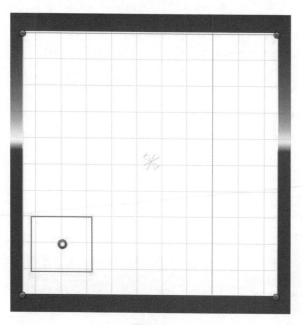

图7.24

**Scale:** UI缩放。注意缩放和调整Width、Height宽高的区别，大多数情况下都是使用调整Width、Height宽高的方式来改变UI元素的大小。而缩放的方式比较容易导致图像的拉伸模糊，所以一般只有做UI动画时才会使用。

为了方便操作UI元素，Unity工具栏中提供了Rect工具，使用此工具可以直接在Scene视图中进行UI元素的选择、移动、旋转、调整尺寸操作和Anchor（锚点）、Pivot（中心轴）的调整，如图7.25所示。

图7.25

## 7.2.2 Anchor（锚点）

为了方便实现在不同屏幕大小的设备上UI分辨率自适应的功能，UGUI提供了名为Anchor（锚点）的布局功能。其原理是像船锚一样将UI元素的4个角与父节点中的特定位置连接起来。锚点是由4个小三角形的锚点控制柄构成，在Scene视图中的显示效果如图7.26所示。

可以通过鼠标拖曳锚点的中央位置来整体移动，也可以拖曳4个锚点控制柄来分别移动。默认情况下，4个锚点控制柄处于父节点的正中心，所以无论父节点如何改变尺寸，子节点都会一直居于父节点的中心位置，如图7.27所示。

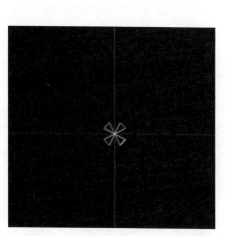

图7.26

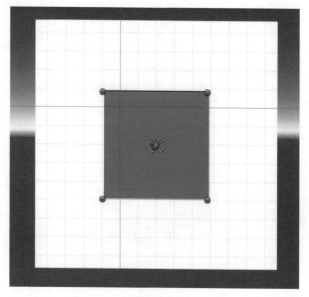

图7.27

如果将4个锚点控制柄都放在父节点的右下角，则此UI节点就与父节点的右边距和下边距固定了，无论父节点怎样变换，父子节点右下角的相对位置都不会变，如图7.28所示。

为了方便锚点的编辑，Unity提供了Anchor Presets（预置锚点）。可以在Inspector窗口的Rect Transform组件下，单击左上方的锚框打开Anchor Presets，然后单击选择需要的预置锚点即可，如图7.29所示。

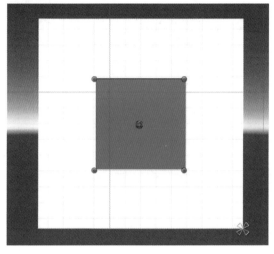

图7.28

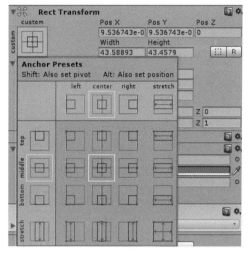

图7.29

若选择预置锚点的同时按住Shift键，则可同时移动轴心点。若同时按住Alt键，则可同时修改UI元素的位置和大小。若同时按住Ctrl键和Alt键，则两者对应的功能都会起作用。

# 7.3 UI 可视元素

Unity的UGUI模块中，常见的UI元素大致可以分为两类，即Unselectable（可视组件）和Selectable（交互组件）。其中可视组件包含Text（文本）、Image（图像）、Raw Image（原始图像）和Mask（遮罩）及效果。

其中，遮罩不是可见的UI控件，是一种修改控件子元素外观的方法。遮罩将子元素限制（"遮盖"）为父元素的形状。因此，如果子项比父项大，则子项仅包含在父项以内的部分才可见。可视组件也可应用各种简单效果，如阴影投射或轮廓描边效果。

本节主要介绍比较常用的前3种组件。这些UI元素的添加方式一致，都是从GameObject>UI下找到对应UI控件单击添加即可，如图7.30和图7.31所示。

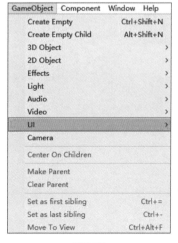

图7.30

图7.31

## 7.3.1 Image（图像）

图7.32

Image组件用于显示图像，如图7.32所示。其常用属性见表7.1。

表7.1

| 属性 | 功能 |
| --- | --- |
| Source Image | 表示要显示的图像的纹理［必须作为Sprite（精灵）导入］ |
| Color | 要应用于图像的颜色 |
| Material | 用于渲染图像的材质 |
| Raycast Target | 如果希望Unity将图像视为射线投射的目标，需启用Raycast Target |
| Preserve Aspect | 确保图像保持其现有宽高比 |
| Set Native Size | 设置图像宽高为图片的原始分辨率大小 |

注意：必须将要显示的图像作为Sprite导入才能用于图像控件。例如，将下载资源Texture文件夹下的logo.png图片拖入Project窗口的Assets目录下，单击导入的logo.png，在Inspector窗口中，将 Texture Type修改为Sprite（2D and UI），单击Apply按钮进行应用。然后即可将logo拖入Image组件的Source Image属性进行使用，如图7.33~图7.35所示。

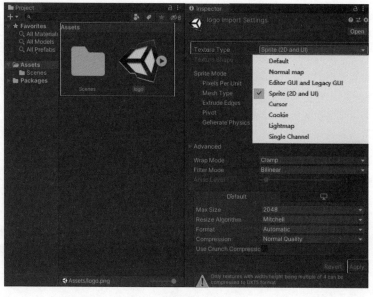

图7.33

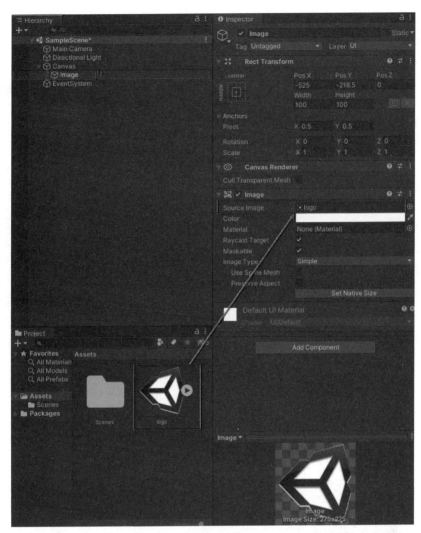

图7.34

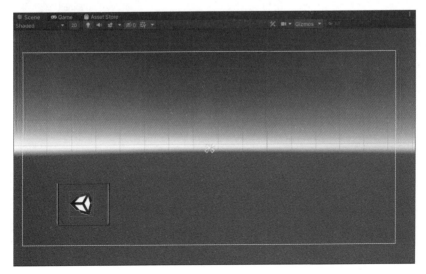

图7.35

另外，Image组件支持4种不同的Image Type（图片类型）。

◆ **Simple:** 简单类型。均匀缩放整个精灵，是最常用的类型。

◆ **Sliced:** 切割类型。使用九宫格方式切分，确保调整大小时不会拉伸角点，而是仅拉伸中心部分。适用于一些边框类的图片显示，不会因缩放过大导致拉伸或扭曲。

◆ **Tiled:** 平铺类型。类似于Sliced，但平铺（重复）中心部分而不是对其进行拉伸。对于完全没有边框的精灵，整个精灵都是平铺的。

◆ **Filled:** 填充类型。按照与Simple相同的方式显示精灵，但不同之处是使用定义的方向、方法和数量从原点开始填充精灵，适用于技能冷却或进度条等效果。

**Set Native Size:** 单击此按钮可将图像大小重置为原始精灵图片的分辨率，仅在Image Type设置为Simple或Filled时才可使用。

Unity为Sprite提供了专门的Sprite Editor（精灵编辑器），可以方便地为精灵编辑九宫格。在Project窗口中选中UI图片资源，在Inspector窗口中确保Texture Type设置为Sprite（2D and UI），然后单击右侧中间的Sprite Editor按钮，如图7.36所示。

图7.36

在打开的精灵编辑器窗口中，拖曳绿色边界线的中心点来编辑九宫格，完成后单击右上角的Apply按钮，关掉精灵编辑器窗口，回到Inspector窗口中，单击右下角的Apply按钮即可，如图7.37所示。

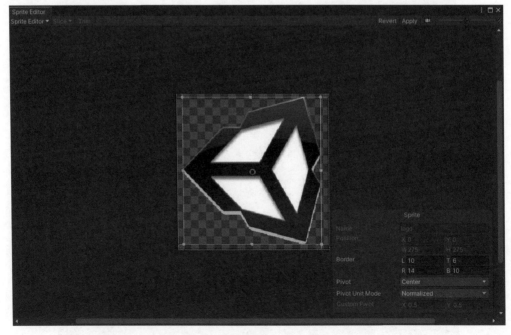

图7.37

## 7.3.2 Raw Image（原始图像）

Raw Image（原始图像）组件类似于 Image，但是 Image 组件要求其纹理为精灵，而 Raw Image 可以接受任何纹理，且各自属性也不尽相同，如图 7.38 所示，相关属性见表 7.2。

图 7.38

表 7.2

| 属性 | 功能 |
|---|---|
| Texture | 要显示的图像的纹理 |
| Color | 要应用于图像的颜色 |
| Material | 用于渲染图像的材质 |
| Raycast Target | 如果希望 Unity 将图像视为射线投射的目标，需启用 Raycast Target |
| UV Rect | 图像在控件矩形内的偏移和大小，以标准化坐标（范围 0.0~1.0）表示。图像边缘将进行拉伸来填充 UV 矩形周围的空间 |

## 7.3.3 Text（文本）

Text（文本）组件用于显示文字，如图 7.39 所示，相关属性见表 7.3。

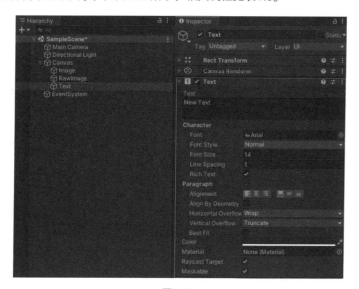

图 7.39

表7.3

| 属性 | 子属性 | 功能 |
|---|---|---|
| Text | — | 显示的文字 |
| Character | Font | 字体 |
| | Font Style | 字体样式，可选 Normal、Bold、Italic 和 Bold And Italic |
| | Font Size | 字体大小 |
| | Line Spacing | 行间距 |
| | Rich Text | 是否开启富文本 |
| Paragraph | Alignment | 水平和垂直对齐方式 |
| | Align By Geometry | 使用几何形状对齐 |
| | Horizontal Overflow | 水平方向文字溢出控件范围时的处理方法。可选 Wrap（换行）和 Overflow（允许溢出） |
| | Vertical Overflow | 垂直方向文字溢出控件范围时的处理方法。可选 Truncate（截取）和 Overflow（允许溢出） |
| | Best Fit | 自适应，若开启则会忽略字体大小属性，将文本缩放入控件范围内 |
| Color | — | 文字颜色 |
| Material | — | 文字材质 |

# 7.4 UI 交互元素

本部分将介绍 UI 系统中的交互组件，这些组件可用于处理交互，如鼠标或触摸事件及使用键盘或控制器进行的交互。

交互组件本身不可见，必须与一个或多个可视组件组合才能正常工作。

交互组件包括 Button（按钮）、Toggle（开关）、Toggle Group（开关组）、Slider（滑动条）、Scrollbar（滚动条）、Scroll Rect/Scroll View（滚动矩形/滚动视图）、Input Field（输入框）、Dropdown（下拉列表框）。

## 7.4.1 Interactable（交互组件）

大多数交互组件都有一些共同点。这些组件都是 Selectable 可选择的组件，这意味着它们具有共享的内置功能，都有状态（正常、高亮、按下、禁用）及状态之间的过渡并具有对应的可视化效果，也都可以通过键盘或控制器导航到其他可选择的组件。交互组件至少有一个 UnityEvent，当用户以特定方式与组件交互时将调用该 UnityEvent。Selectable 可选择的组件如图7.40所示，属性功能见表7.4。

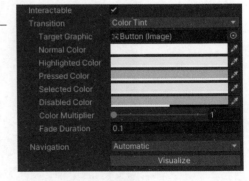

图7.40

表7.4

| 属性 | 功能 |
|---|---|
| Interactable | 是否可交互。不可交互时过渡状态被设置为禁用状态 |
| Transition | 确定控件以何种方式对用户操作进行可视化响应。不同的状态包括正常、高亮、按下和禁用 |
| Navigation | 控制如何导航 |

## 7.4.2 Button（按钮）

Button（按钮）用于在用户单击再松开时启动某项操作。如果在松开单击之前将鼠标移出按钮范围，则不会执行操作。Button的效果和属性如图7.41和图7.42所示。

**Button**

图7.41

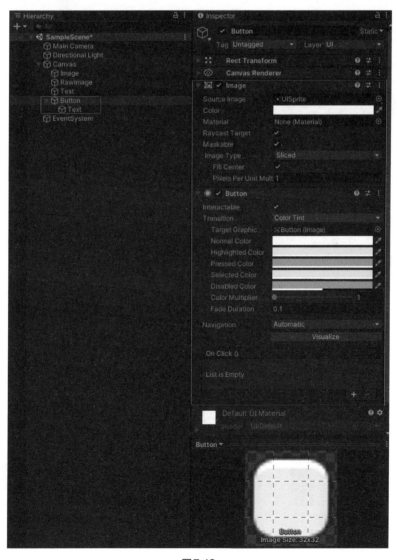

图7.42

将Hierarchy窗口中的Button对象展开，可以看到其下还有一个Text子对象。Text子对象上挂有一个Text组件（用于显示按钮上的文字）。而Button对象上挂有Image组件（用于显示按钮的底图）和Button组件[按钮交互核心组件，只有可交互组件通用的（即Selectable可选组件的）那些属性]。

另外，Button组件还有一个名为On Click的事件，当用户完成单击时会响应。例如，想实现按下按钮后，将按钮上的文字修改为ButtonClick，可以单击List is Empty右下角的"+"按钮以添加一个单击事件，如图7.43和图7.44所示。

图7.43

图7.44

将Button下的Text对象拖入Object对象栏处，如图7.45所示。

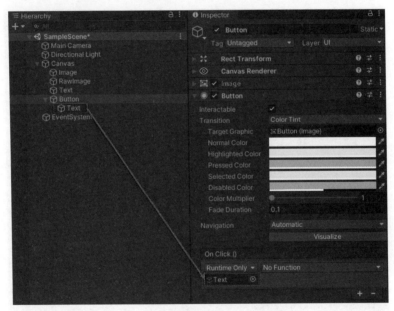

图7.45

将No Function设置为Text>string text，并将参数设置为ButtonClick即可，如图7.46~图7.48所示。

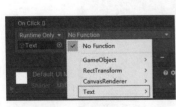

图7.46

图7.47

图7.48

最终效果如图7.49和图7.50所示，一开始按钮上的文字为Button，当单击按钮后，其上文字变成了ButtonClick。

| Button |
|---|

图7.49

| ButtonClick |
|---|

图7.50

## 7.4.3 Toggle（开关）

Toggle（开关）可让用户打开或关闭某个选项，产生单选或多选的效果。其效果如图7.51所示，属性如图7.52所示，相关说明见表7.5。

图7.51

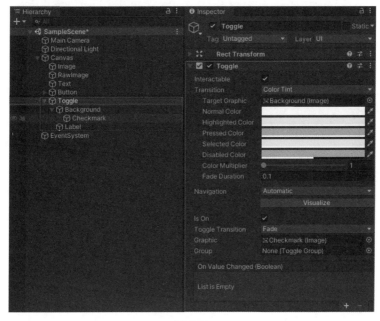

图7.52

表7.5

| 属性 | 功能 |
|---|---|
| Interactable | 是否可交互 |
| Transition | 确定控件以何种方式对用户操作进行可视化响应 |
| Navigation | 控制如何导航 |
| Is On | 开关在开始时是否为打开状态 |
| Toggle Transition | 切换开关时的效果表现。None表示复选标记直接出现或消失；Fade表示复选标记淡入或淡出 |
| Graphic | 用于复选标记的图像 |
| Group | 开关所属的开关组（可选） |

Toggle有一个名为On Value Changed的事件，当用户更改当前值时会触发。新值作为boolean参数传递给事件函数。

Toggle Group（开关组）是一个单独的组件，一般和Toggle搭配使用。Toggle Group是不可见的，而且同一组内的开关，同一时刻只能开启一个，另一个会自动关闭。使用方法为创建一个空对象，将其命名为

ToggleGroup，在 Inspector 窗口中搜索添加名为 Toggle Group 的组件，如图 7.53 所示。将 ToggleGroup 对象拖到 Toggle 对象的 Toggle 组件中的 Group 属性上，如图 7.54 所示。

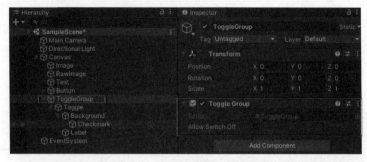

图 7.53

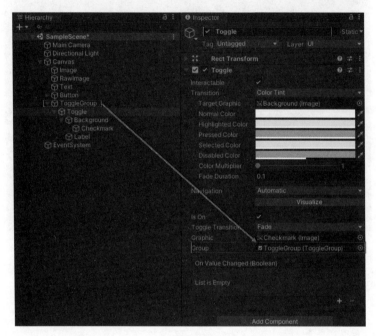

图 7.54

单击选中 Toggle 对象，按快捷键 Ctrl+D 复制生成一个 Toggle 对象。此时运行游戏，因为两个 Toggle 都属于同一个 ToggleGroup，所以当勾选其中一个时，另一个会自动取消勾选，如图 7.55 所示。

图 7.55

如果要实现多个选项中只允许单选的效果，则要用Toggle Group。Toggle Group组件只有一个名为Allow Switch Off的属性，表示是否允许不打开任何开关。

## 7.4.4 Slider（滑动条）

Slider（滑动条）允许用户通过拖动鼠标从预定范围中选择数值。滑动条的效果如图7.56所示，属性如图7.57所示，相关说明见表7.6。

图7.56

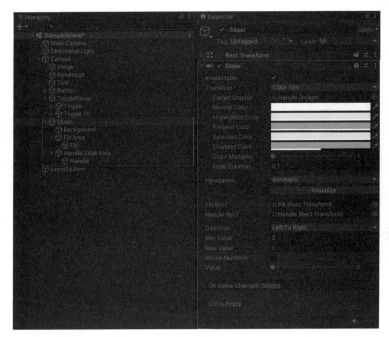

图7.57

表7.6

| 属性 | 功能 |
|---|---|
| Interactable | 是否可交互 |
| Transition | 确定控件以何种方式对用户操作进行可视化响应 |
| Navigation | 控制如何导航 |
| Fill Rect | 用于控件填充区域的图形 |
| Handle Rect | 用于控件滑动"控制柄"部分的图形 |
| Direction | 设置滑动条方向。可选Left To Right、Right To Left、Bottom To Top和Top To Bottom |
| Min Value | 滑动条的最小值 |
| Max Value | 滑动条的最大值 |
| Whole Numbers | 滑动条的值是否只允许取整数值 |
| Value | 设置滑动条的当前数值。如果在Inspector中设置了该值，则该值将用作初始值，但是当值变化时，运行时的值也将变化 |

滑动条有一个名为 On Value Changed 的事件，当用户拖曳控制柄时会响应。滑动条的当前数值作为 float 参数传递给函数。

## 7.4.5 Scrollbar（滚动条）

Scrollbar（滚动条）允许用户滚动由于太大而无法完全看到的图像。
滚动条的效果如图 7.58 所示，属性如图 7.59 所示，相关说明见表 7.7。

图 7.58

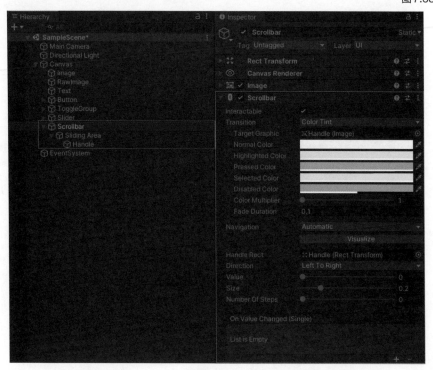

图 7.59

表 7.7

| 属性 | 功能 |
| --- | --- |
| Interactable | 是否可交互 |
| Transition | 确定控件以何种方式对用户操作进行可视化响应 |
| Navigation | 控制如何导航 |
| Handle Rect | 用于控件滑动"控制柄"部分的图形 |
| Direction | 设置滚动条方向。可选 Left To Right、Right To Left、Bottom To Top 和 Top To Bottom |
| Value | 设置滚动条的初始位置值，范围为 0.0~1.0 |
| Size | 设置控制柄在滚动条内的比例大小，范围为 0.0~1.0 |
| Number Of Steps | 设置滚动条允许的不同滚动位置的数量 |

滚动条有一个名为 On Value Changed 的事件，当用户拖曳控制柄时会触发。当前值作为 float 参数传递给事件函数。

## 7.4.6 Scroll Rect（滚动矩形）

当占用大量空间的内容需要在小区域中显示时，可使用 Scroll Rect（滚动矩形）。滚动矩形提供了滚动此内容的功能。

通常情况下，滚动矩形与 Mask（遮罩）相结合来创建滚动视图，在产生的视图中只有滚动矩形内的可滚动内容为可见状态。此外，滚动矩形还可与水平或垂直 Scrollbar 组合使用。滚动矩形的效果如图 7.60 所示，属性如图 7.61 所示，相关说明见表 7.8。

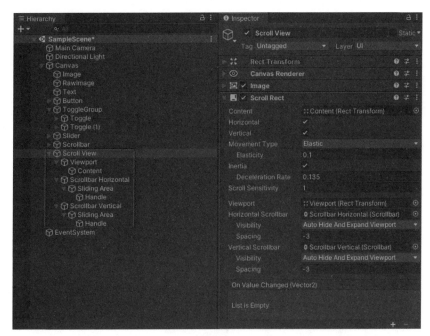

图 7.60                  图 7.61

表 7.8

| 属性 | 功能 |
| --- | --- |
| Content | 需要滚动的 UI 元素的矩形变换组件 |
| Horizontal | 启用水平滚动 |
| Vertical | 启用垂直滚动 |
| Movement Type | 移动类型。Unrestricted、Elastic 或 Clamped。使用 Elastic 或 Clamped 可强制内容保持在滚动矩形的边界内。Elastic 模式在内容到达滚动矩形边缘时弹回内容。Elasticity 表示弹性模式的反弹量 |

续表

| 属性 | 功能 |
|---|---|
| Inertia | 惯性。开启时拖曳指针再松开时，内容将继续移动。否则，只在进行拖曳时内容才移动。<br>Deceleration Rate 表示设置 Inertia 惯性的情况下，Deceleration Rate（减速率）决定了内容停止移动的速度。速率为 0 将立即停止移动，值为 1 表示移动永不减速 |
| Scroll Sensitivity | 对滚轮和触控板滚动事件的敏感度 |
| Viewport | 滚动内容的父节点的矩形变换组件 |
| Horizontal Scrollbar | 水平滚动条。Visibility 表示水平滚动条在不需要时的可见性；Spacing 表示水平滚动条与视口之间的间隔 |
| Vertical Scrollbar | 垂直滚动条。Visibility 表示垂直滚动条在不需要时的可见性；Spacing 表示垂直滚动条与视口之间的间隔 |

## 7.4.7 Input Field（输入框）

Input Field（输入框），输入文本之前和输入文本之后的效果如图 7.62 和图 7.63 所示，其属性如图 7.64 所示。

Enter text...

图 7.62

abcd1234

图 7.63

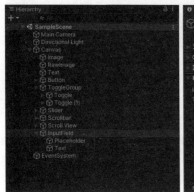

图 7.64

Input Field 的相关属性说明如下。

**Interactable:** 是否可交互。

**Transition:** 确定控件以何种方式对用户操作进行可视化响应。

**Navigation:** 控制如何导航。

**TextComponent:** 用来显示用户输入文本的 Text 组件。

**Text:** 输入栏初始的字符串。

**Character Limit:** 在输入字段中可输入的最大字符数，若填 0 表示没有限制。

**Content Type:** 可输入内容的类型。

◆ **Standard:** 标准类型。任何字符都可输入。

◆ **Autocorrected:** 带有自动校正功能的类型。

◆ **Integer Number:** 整数输入类型。只允许输入整数类型的字符。

◆ **Decimal Number:** 数值输入类型。只允许输入数字和小数点。

◆ **Alphanumeric:** 字母数字输入类型。只允许输入数字和大小写字母。

◆ **Name:** 名字输入类型。自动将每个单词的首字母大写。

◆ **Email Address:** 电子邮件地址输入类型。可以输入数字、大小写字母和一部分符号。

◆ **Password:** 密码输入类型。所输入的字符都被显示为星号（*）。

◆ **Pin:** PIN（个人识别码）输入类型，所输入的字符都被显示为星号（*），只允许输入数字。

◆ **Custom:** 自定义输入类型，可单独设置 Line Type、Input Type、Keyboard Type、Character Validation。

**Line Type:** 设置输入栏的行类型。

◆ **Single Line:** 只允许单行。

◆ **Multi Line Submit:** 允许多行，超出输入栏宽度时自动换行，按 Enter 键结束输入。

◆ **Multi Line Newline:** 允许多行，超出输入栏宽度时自动换行，按 Enter 键可以换行。

**Placeholder:** 指定当输入栏内没有输入文字时，用于显示默认文本的组件。

**Caret Blink Rate:** 输入框内用于指示建议插入文本的光标的闪烁速率。

**Selection Color:** 所选文本部分的背景颜色。

**Hide Mobile Input:** 如果开启此属性，当在移动设备上输入时，隐藏辅助输入栏，注意只在 iOS 设备上生效。

输入框有一个名为 On Value Changed 的事件，当输入字段的文本内容发生变化时会触发。该事件可将当前文本内容作为 String 类型动态参数发送。

输入框还有一个名为 End Edit 的事件，当用户完成文本内容的编辑（通过提交操作或单击某个位置以将焦点移出输入字段）时会触发。该事件可将当前文本内容作为 String 类型动态参数发送。

## 7.4.8 Dropdown（下拉列表框）

Dropdown（下拉列表框）可用于让用户从选项列表中选择单个选项。此控件会显示当前默认选择的选项。单击后，此控件会打开选项列表，以便选择新选项。选择新选项后，列表再次关闭，而控件将显示新选择的选项。如果用户单击控件本身或画布内的任何其他位置，列表也将关闭，其效果如图7.65所示，属性如图7.66所示，相关说明见表7.9。

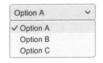

图7.65

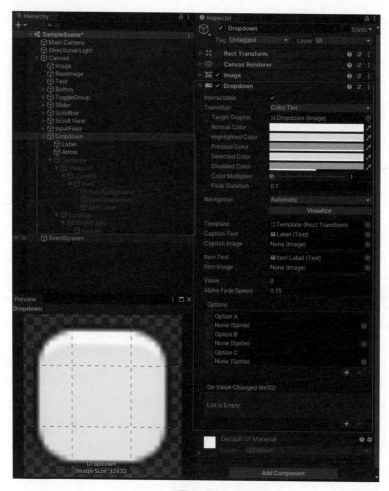

图7.66

表7.9

| 属性 | 功能 |
| --- | --- |
| Interactable | 是否可交互 |
| Transition | 确定控件以何种方式对用户操作进行可视化响应 |
| Navigation | 控制如何导航 |
| Template | 下拉列表模板的矩形变换组件 |
| Caption Text | 用于保存当前所选选项的文本的Text组件（可选） |
| Caption Image | 用于保存当前所选选项的图像的Image组件（可选） |
| Item Text | 用于保存列表项的文本的Text组件（可选） |
| Item Image | 用于保存列表项的图像的Image组件（可选） |
| Value | 当前所选选项的索引。0代表第一个选项，1代表第二个，以此类推 |
| Options | 可能选项的列表。可为每个选项指定一个文本字符串和一个图像 |

下拉列表框有一个名为 On Value Changed 的事件，当用户完成对列表中某个选项的单击时会触发。该组件支持发送所选选项索引的整数值。0 代表第一个选项，1 代表第二个，以此类推。

## 7.5 本章任务：制作游戏菜单，完善用户操作界面

**01** 打开之前的 MyGame 工程，将下载资源中 Texture 目录下的 MenuBG.png 拖至 Assets>_Game>Texture 目录下，单击 MenuBG 图片资源，在 Inspector 面板中将 Texture Type 设为 Sprite（2D and UI），并单击 Apply 按钮应用，如图 7.67 所示。

**02** 在 Assets>_Game>Scene 文件夹中创建一个名为 MenuScene 的新场景并双击打开此场景。在 Hierarchy 窗口中的空白处单击鼠标右键，在弹出的下拉菜单中，找到 UI>Canvas，单击以创建画布，如图 7.68 所示。

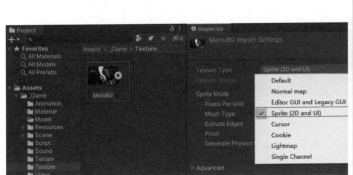
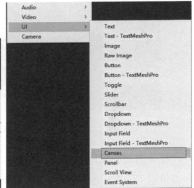

图7.67    图7.68

**03** 为方便编辑 UI，在 Scene 视图中单击 2D 按钮切换成 2D 模式，如图 7.69 所示。

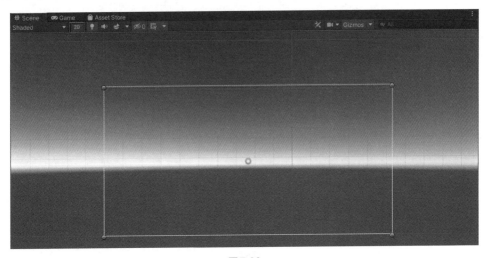

图7.69

**04** 单击 Hierarchy 窗口中的 Canvas 对象，在 Inspector 窗口中找到 Canvas Scaler 组件，将 UI Scale Mode 设为 Scale With Screen Size，并将 Reference Resolution 设置为 X：1920，Y：1080，如图 7.70 所示。

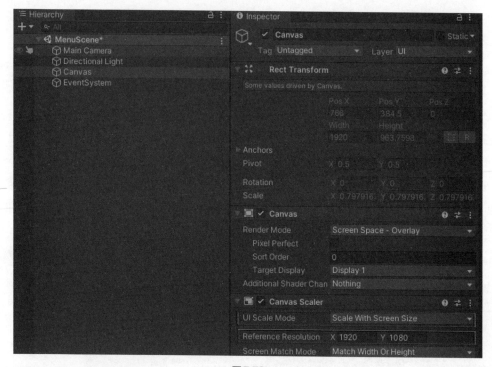

图7.70

**05** 使用同样的方式创建一个Panel对象，并将Assets>_Game下的MenuBG图片资源拖入Panel对象的Image组件的Source Image属性栏中，调节Color属性的Alpha值为255，如图7.71所示。

图7.71

**06** 使用同样的方法创建一个Button，并按照图7.72所示设置其Rect Transform属性。

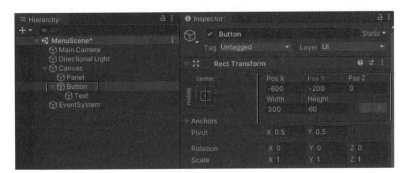

图7.72

**07** 将Button对象下的Text子对象的Text组件的Text设置为"开始游戏"，Font Size设置为50，如图7.73所示。

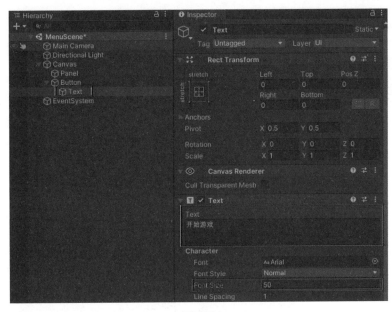

图7.73

至此，菜单界面的效果设置完成，如图7.74所示。

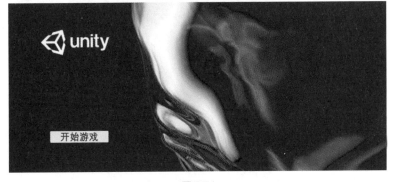

图7.74

**08** 接下来添加玩家单击开始游戏按钮后，切换到游戏场景的交互逻辑。在 Assets>_Game>Script 目录下创建一个名为 MenuScene 的 C# 脚本，双击使用代码编辑器打开，编写代码如下。

```csharp
1.  using System.Collections;
2.  using System.Collections.Generic;
3.  using UnityEngine;
4.
5.  // 导入命名空间
6.  using UnityEngine.SceneManagement;
7.
8.  public class MenuScene : MonoBehaviour
9.  {
10.     void Start()
11.     {
12.
13.     }
14.
15.     void Update()
16.     {
17.
18.     }
19.
20.     /// <summary>
21.     /// 玩家单击开始游戏按钮时调用的响应函数
22.     /// </summary>
23.     public void OnClickStartGameBtn()
24.     {
25.         // 第一个参数表示 Build Settings 场景构建列表中 ID 为 2 的场景
26.         SceneManager.LoadScene(2);
27.     }
28. }
```

**09** 按快捷键 Ctrl+S 保存代码，回到 Unity 编辑器中，在 Project 窗口中将此脚本文件拖到 Hierarchy 窗口的 Main Camera 对象上，单击 Hierarchy 窗口中的 Button 对象，在 Inspector 窗口中，单击 Button 组件的 On Click() 事件右下方的"+"按钮，以添加一个单击响应事件，如图 7.75 所示。将对象指定为 Main Camera，将脚本指定为 MenuScene，将函数指定为 OnClickStartGameBtn()。

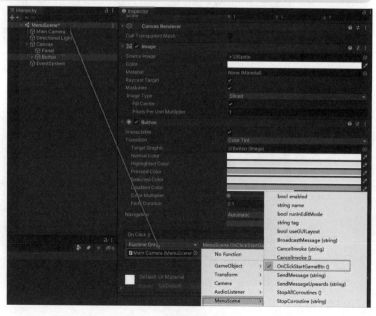

图 7.75

**10** 按快捷键Ctrl+Shift+B，打开Build Settings窗口，在场景构建列表中将MenuScene拖入Scenes In Build，为了方便理解，将SampleScene更名为GameScene，注意确保IntroScene的ID为0，MenuScene 的ID为1，GameScene的ID为2。

此时，按快捷键Ctrl+S保存工程，然后双击打开IntroScene场景，进行游戏测试，可以发现首先看到 的是IntroScene场景的开头视频，用户按下任意键可跳过开头视频，展示MenuScene菜单界面，用户单 击开始游戏按钮后切换到3D游戏场景。

## 7.6 本章小结

本章介绍了UI界面相关的知识，包括UI元素的创建和Canvas画布及UI界面布局，还有各种UI可视元 素和UI交互元素。最后实现了本章任务，为之前的漫游项目添加了游戏菜单界面并实现了相应的场景跳转 逻辑，使得游戏UI界面和操作流程更加完善。

CHAPTER

第8章
# 增强游戏效果

## 本章学习要点

- 粒子系统
- 拖尾
- 线渲染器

- 镜头炫光
- 光晕
- 投影

- Post Processing（后效）
- 着色器

在Unity中，特效系统是增强游戏画面效果、烘托氛围的重要手段，能够吸引玩家眼球，增强游戏的交互体验，如图8.1和图8.2所示。

图8.1

图8.2

游戏特效有以下分类。根据游戏类型可以分为2D特效（图8.3）和3D特效（图8.4）。

图8.3

图8.4

根据游戏风格可以分为卡通风格特效（图8.5）和写实风格特效（图8.6）。

图8.5 | 图8.6

根据在游戏中的用途可以分成界面特效（图8.7）、场景特效（图8.8）、角色特效（图8.9）、技能特效（图8.10）。

图8.7 | 图8.8

图8.9 | 图8.10

接下来，将逐一介绍Unity提供的特效制作相关组件。

# 8.1 粒子系统

Particle System（粒子系统）是非常重要而常用的特效组件，通过这个组件可以实现游戏中最常用最通

用的一些效果，比如风雨雷电、火焰、烟雾、霜冻等效果。图8.11所示为《英雄联盟》中角色安妮使用的
火焰粒子效果。

图8.11

　　创建粒子系统组件，只需在菜单栏的GameObject>Effects下找到并单击Particle System即可，如图8.12
所示。

　　此时，Hierarchy窗口中会出现新创建的名为Particle System的对象，如图8.13所示。

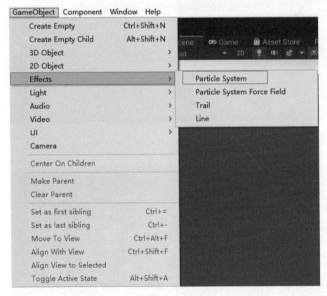

图8.12

图8.13

　　单击选中此对象，Scene视图中会显示默认的粒子效果预览，且Scene视图右下角有粒子效果预览的控
制面板，如图8.14所示，其包含的功能如下。

　　**Play/Pause:** 播放／暂停。

　　**Restart:** 重新开始。

　　**Stop:** 停止。

　　**Playback Speed:** 播放速度。

　　**Playback Time:** 当前时间戳。

Particles: 粒子数量。

Speed Range: 速度范围。

Simulate Layers: 用于预览未选定的粒子系统。

Resimulate: 更改了属性后，是否立即应用，重新模拟。

Show Bounds: 是否显示粒子包围体。

Show Only Selected: 是否仅显示所选择的粒子系统。

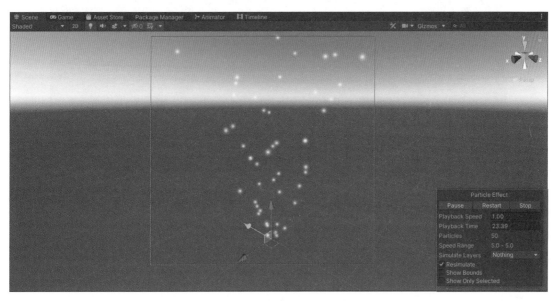

图 8.14

在 Inspector 窗口中可以看到 Particle System 组件及其属性，如图 8.15 所示。

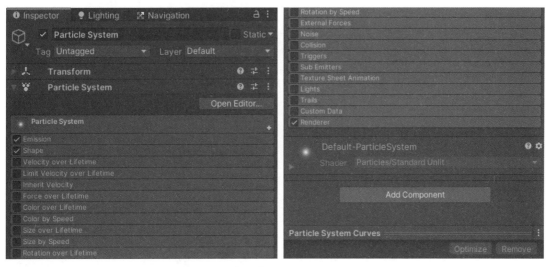

图 8.15

粒子系统组件右上方有 Open Editor 按钮，单击后可打开专门的粒子编辑器窗口，可以比较方便地进行多粒子效果的编辑，如图 8.16 所示。

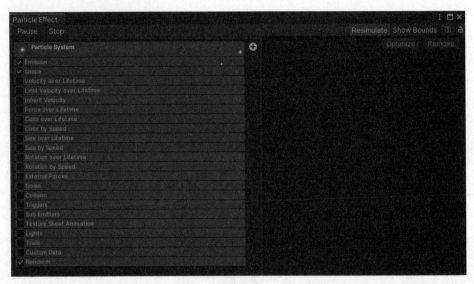

图8.16

粒子系统组件中包含大量的属性可编辑，这些属性分属于不同的子模块，每个子模块可以展开或折叠，且每个子模块左侧有一个复选框，可以通过单击来勾选或去除相应的子模块，默认情况下Emission（发射）模块、Shape（形状）模块、Renderer（渲染器）模块3个子模块是默认勾选的。另外，最上方的Particle System（粒子系统）主模块中还有一些初始化相关的属性。接下来将介绍粒子系统中比较常用的有代表性的子模块，讲解其属性及操作方法。

## 8.1.1 Particle System（粒子系统）主模块

Particle System（粒子系统）主模块包含影响整个系统的全局属性。大多数这些属性用于控制新创建的粒子的初始状态。此模块有一定的特殊性，属于固有的模块，可以展开或折叠，无复选框不可移除，如图8.17所示。

图8.17

Particle System粒子系统主模块的相关常用属性说明如下。

**Duration:** 表示整个粒子系统会持续发射多长时间，默认是5秒，若想修改此属性产生预期的效果，需要注意Looping循环属性是否需要勾选。

**Looping:** 粒子系统是否循环播放。

**Prewarm:** 预热属性。若不勾选，则每次播放粒子效果都能看到粒子从出生到消亡的完整效果，若勾选，则每次重新播放，都会看起来好像已经播放过一段时间一样。

**Start Delay:** 延迟开始属性，顾名思义，延迟一段时间之后粒子才开始播放，在此属性最右侧还有一个倒三角图标。单击后会出现Constant和Random Between Two Constants两个选项，若选择前者，可设置一个固定数值。若选择后者，可设置两个数值，即最小和最大值，最终粒子播放时此属性的取值会在设定的这个范围区间随机出现。

**Start Lifetime:** 初始生命时间，表示发射出来的每个粒子从出生到消亡，在场景中能够存活多久，注意和Duration属性进行区分。

**Start Speed:** 初始速度。

**3D Start Size:** 需要结合Start Size进行使用，若勾选，则表示开启3D初始大小，可以对Start Size的x、y、z 3个轴向进行分别赋值，若不勾选，则Start Size只能赋一个数值，表示3个轴向都使用这个数值。

**Start Size:** 初始大小。

**3D Start Rotation:** 需要结合Start Rotation进行使用，若勾选，则表示开启3D初始旋转，可以对Start Rotation的x、y、z 3个轴向分别赋值，若不勾选，则Start Rotation只能赋一个数值，表示3个轴向都使用这个数值。

**Start Rotation:** 初始旋转。

**Flip Rotation:** 使一些粒子以相反的方向旋转。

**Start Color:** 每个粒子的初始颜色。

**Gravity Modifier:** 缩放Physics 窗口中设置的重力值。值为0会关闭重力。

**Simulation Space:** 控制粒子的运动位置是在父对象的局部空间中（与父对象一起移动）、在世界空间中还是相对于自定义对象（与选择的自定义对象一起移动）。

**Simulation Speed:** 调整整个系统更新的速度。

**Delta Time:** 在 Scaled 和 Unscaled 之间进行选择，若为Scaled则使用Time窗口中的Time Scale值，而Unscaled将忽略该值。此属性对于出现在Pause Menu（暂停菜单）上的粒子系统非常有用。

**Scaling Mode:** 选择如何使用变换中的缩放。可设置为Hierarchy、Local或Shape。Local仅应用粒子系统变换缩放，忽略任何父级的影响。Shape模式将缩放应用于粒子起始位置，但不影响粒子大小。

**Play On Awake:** 如果启用此属性，则粒子系统会在创建对象时自动启动。

**Max Particles:** 系统中同时允许的最多粒子数。如果达到限制，则移除一些粒子。

**Auto Random Seed:** 如果启用此属性，则每次播放时粒子系统看起来都会不同。

**Stop Action:** 当属于系统的所有粒子都已完成时，可使系统执行某种操作。当一个系统的所有粒子都已死亡，并且系统存活时间已超过Duration设定的值时，判定该系统已停止。对于循环系统，只有在通过脚本停止系统时才会发生这种情况。Disable表示禁用游戏对象。Destroy表示销毁游戏对象。Callback表示将OnParticleSystemStopped回调发送给附加到游戏对象的任何脚本。

## 8.1.2 Emission（发射）模块

Emission（发射）模块主要影响粒子系统的发射的速率和时间，如图8.18所示。

Emission（发射）模块的相关常用属性说明如下。

**Rate over Time:** 每个时间单位发射的粒子数。

**Rate over Distance:** 每个移动距离单位发射的粒子数。

图8.18

**Bursts:** 即爆发，是指生成粒子的事件。通过这些设置可允许在指定时间发射粒子。

◆ **Time:** 设置发射爆发粒子的时间（粒子系统开始播放后的秒数）。

◆ **Count:** 设置可能发射的粒子数的值。

◆ **Cycles:** 设置播放爆发次数的值。

◆ **Interval:** 设置触发每个爆发周期的间隔时间（以秒为单位）的值。

◆ **Probability:** 控制每个爆发事件生成粒子的可能性。较高的值使系统产生更多的粒子，而值为1将保证系统产生粒子。

## 8.1.3 Shape（形状）模块

Shape形状模块定义了发射体的形状及相关属性，如图8.19所示。

Shape形状模块的常用属性说明如下。

**Shape:** 发射体积的形状。可以从下拉列表框中选择不同的形状，选定后在Scene视图中会有相应的形状预览，不同形状的发射器对应下面的参数有相应的差别，可选的形状说明如下。

◆ **Sphere:** 球体，可调节其半径、发射粒子的体积比例、纹理、偏移、旋转、缩放等属性，具体参数列表和效果如图8.20和图8.21所示。

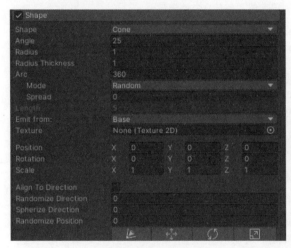

图8.19

图8.20

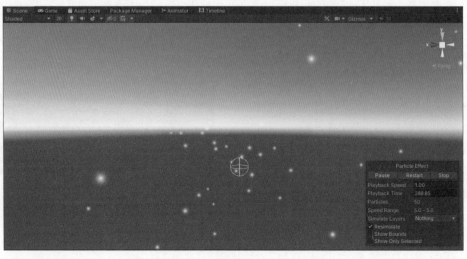

图8.21

◆ **Hemisphere:** 半球，其可调节的属性和Sphere球体发射器完全一致，具体参数列表和效果如图8.22和图8.23所示。

图8.22

图8.23

◆ **Cone:** 锥体，具体参数列表和效果如图8.24和图8.25所示。

图8.24

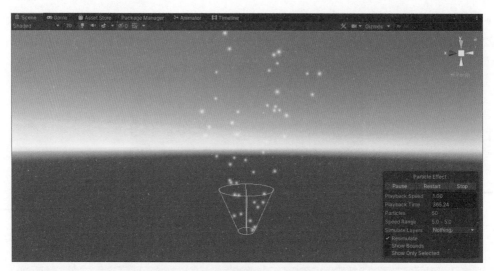

图 8.25

◆ **Donut:** 圆环，具体参数列表和效果如图 8.26 和图 8.27 所示。

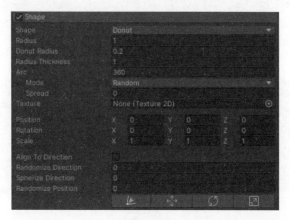

图 8.26

图 8.27

◆ **Box:** 立方体，具体参数列表和效果如图8.28和图8.29所示。

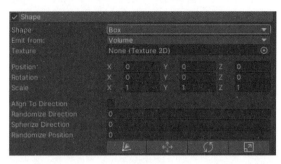

图8.28

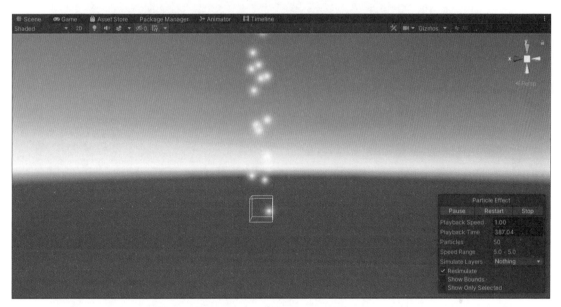

图8.29

◆ **Mesh:** 网格，Mesh、Mesh Renderer和Skinned Mesh Renderer具有相同的属性。注意需要指定一个Mesh，具体参数列表和效果如图8.30和图8.31所示。

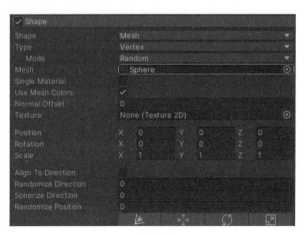

图8.30

图8.31

○ **Mesh Renderer:** 网格渲染器。

○ **Skinned Mesh Renderer:** 蒙皮网格渲染器。

○ **Sprite:** 精灵，Sprite和Sprite Renderer 具有相同的属性。

○ **Sprite Renderer:** 精灵渲染器。

◆ **Circle:** 圆形，具体参数列表和效果如图8.32和图8.33所示。

图8.32

图8.33

◆ **Edge:** 单线形，具体参数列表和效果如图8.34和图8.35所示。

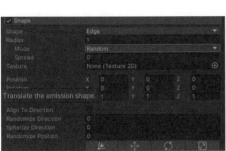

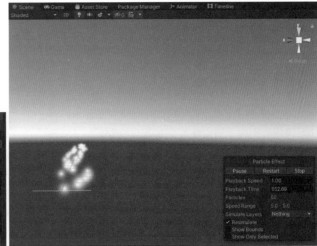

图8.34

图8.35

◆ **Rectangle:** 矩形，具体参数列表和效果如图8.36和图8.37所示。

图8.36

图8.37

## 8.1.4 Velocity Over Lifetime（随生命周期速度变化）模块

Velocity Over Lifetime（随生命周期速度变化）模块可控制每个粒子随生命周期的速度变化，如图8.38所示。

图8.38

Velocity Over Lifetime (随生命周期速度变化)模块的常用属性说明如下。

**Linear X/Y/Z:** 粒子在 $x$、$y$ 和 $z$ 轴上的线性速度。

**Space:** 指定 Linear X/Y/Z 是参照本地空间还是世界空间。

### 8.1.5 Color Over Lifetime (随生命周期颜色变化)模块

Color Over Lifetime (随生命周期颜色变化)模块可控制每个粒子随生命周期的颜色变化，如图8.39所示。

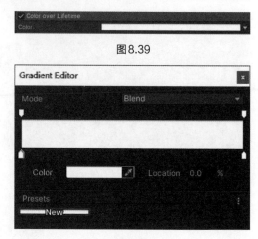

图8.39

Color Over Lifetime 模块中只有一个 Color 颜色属性，单击 Color 右侧的颜色块，可弹出 Gradient Editor (渐变编辑器)窗口，如图8.40所示。

Gradient Editor 窗口中间的大颜色块用来显示渐变的颜色效果，颜色块的4个角分别有一个滑块，上方的两个滑块用来控制起点和终点的 Alpha 值，下方的两个滑块用来控制起点和终点的颜色值。另外可以通过单击大颜色块的上方或下方添加新的滑块节点，以实现更加丰富的渐变控制。

图8.40

以编辑一个颜色由白到红，Alpha 由 0~255 的渐变色为例，其操作方法为单击选中右下方的滑块，然后调节下方 Color 属性右侧的小颜色块，将其设置成红色，这样便实现了颜色由白到红，如图8.41所示。

使用同样的方式，将左上角滑块对应的 Alpha 值设为0，右上角滑块对应的 Alpha 值设为255即可，此时渐变颜色设置完成，如图8.42所示。

图8.41

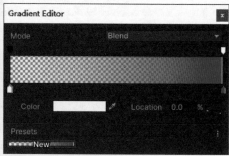

图8.42

确保 Color Over Lifetime 模块左侧的复选框勾选，此时，Scene 视图中也呈现了粒子随着生命周期颜色由白到红，Alpha 由淡到浓的变化，最终效果如图8.43和图8.44所示。

图8.43

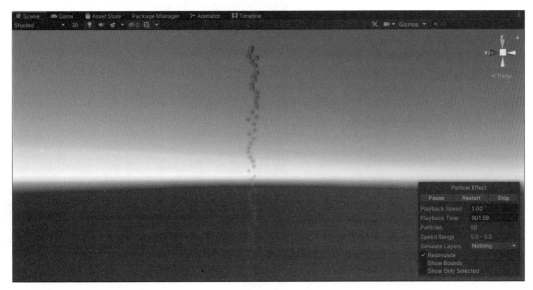

图8.44

## 8.1.6 Size over Lifetime（随生命周期大小变化）模块

Size over Lifetime（随生命周期大小变化）模块可控制每个粒子随生命周期的大小变化，如图8.45所示。

Size over Lifetime模块的属性说明如下。

图8.45

**Separate Axes:** 在每个轴上独立控制粒子大小。

**Size:** 通过一条曲线定义粒子的大小在其生命周期内如何变化。单击Size属性右侧的曲线框，可以在Inspector最下方的Particle System Curves窗口中编辑其变化曲线，曲线的水平轴表示Lifetime生命周期，垂直轴表示Size大小，范围都是0.0~1.0，如图8.46所示。

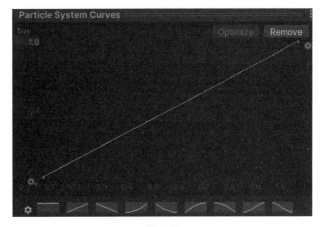

图8.46

## 8.1.7 Renderer（渲染器）模块

Renderer（渲染器）模块可控制粒子渲染的相关属性，如图8.47所示。

Renderer（渲染器）模块的常用属性说明如下。

**Render Mode：** 渲染模式，分为以下几种模式。

图8.47

◆ **Billboard：** 粒子始终面向摄像机。

◆ **Stretched Billboard：** 粒子面向摄像机，可设置应用以下几种缩放方式。

   ○ **Camera Scale：** 根据摄像机运动拉伸粒子。将此值设置为0可禁用摄像机运动拉伸。

   ○ **Velocity Scale：** 根据粒子速度按比例拉伸粒子。将此值设置为0可禁用基于速度的拉伸。

   ○ **Length Scale：** 沿着粒子的速度方向根据粒子当前大小按比例拉伸粒子。将此值设置为0会使粒子消失，相当于长度为0。

◆ **Horizontal Billboard：** 粒子平面与 $XZ$ 平面平行。

◆ **Vertical Billboard：** 在 $y$ 轴上直立，但转向面朝摄像机。

◆ **Mesh：** 使用3D网格而非使用纹理渲染粒子。

◆ **None：** 隐藏默认的渲染。

**Material：** 粒子渲染使用的材质。

## 课后练习　制作火焰粒子特效

使用本节粒子系统相关知识，制作火焰粒子特效，如图8.48所示。

图8.48

## 8.2 拖尾

Trail Renderer（拖尾）组件，常用于实现一些模型尾部的拖尾效果，比如飞机划过天空，尾部长长的喷气拖尾效果，如图8.49所示。

图8.49

创建拖尾组件，只需在菜单栏的GameObject>Effects下找到并单击Trail选项即可，如图8.50所示。此时，Hierarchy窗口中会出现新创建的名为Trail的对象，如图8.51所示。

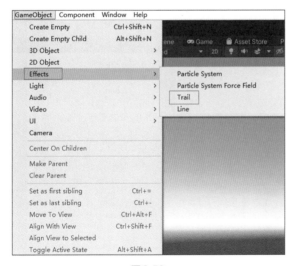

图8.50

图8.51

如果移动Trail对象，在Scene视图中可以发现默认的拖尾效果，如图8.52所示。单击此对象，在Inspector窗口中可以看到Trail组件及其属性，如图8.53所示。

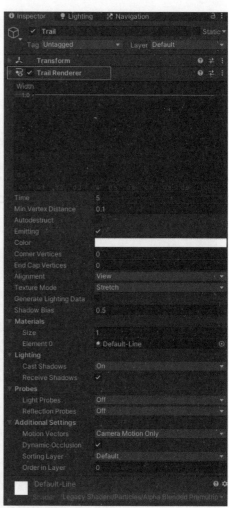

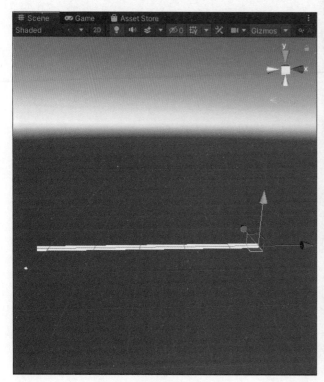

图8.52　　　　　　　　　　　　　　　图8.53

拖尾组件中常用的属性说明如下。

**Width:** 设置拖尾的宽度，通过曲线图的方式编辑，默认宽度为固定的1.0，可以通过双击左侧的1.0数值来进行修改。

**Time:** 拖尾中每个点的生命周期。

**Min Vertex Distance:** 轨迹中两点之间的最小距离。

**Autodestruct:** 自动销毁，若启用，则一旦游戏对象空闲了Time秒，就会被销毁。

**Emitting:** 暂停或恢复拖尾的生成。

**Color:** 拖尾颜色，可以打开渐变编辑器编辑渐变色。

**Corner Vertices:** 角顶点。数值越大，拖尾的角显得越圆，范围是0~90。

**End Cap Vertices:** 端盖顶点。数值越大，拖尾的履带帽显得越圆，范围是0~90。

**Alignment:** 拖尾面朝的方向。设为View表示面朝摄像机，设为Transform表示面朝其Transform的z轴。

**Texture Mode:** 纹理模式。

◆ **Stretch:** 拉伸。

◆ **Tile:** 平铺。

◆ **DistributePerSegment:** 沿轨迹的整个长度映射纹理一次。

◆ **RepeatPerSegment:** 沿轨迹重复纹理（每个轨迹段重复一次）。

**Shadow Bias:** 阴影偏移。

**Generate Lighting Data:** 生成灯光数据，如果启用，轨迹几何结构将包含法线和切线。这允许它使用场景照明的材质，如通过标准着色器或使用自定义着色器。

**Materials:** 材质。默认是Unity的内置材质Default-Line。如果设置多个材质，则每个材质渲染一次。

**Lighting:** 光影。

◆ **Cast Shadows:** 是否投射阴影，可设置选项如下。

  ○ **On:** 开。

  ○ **Off:** 关。

  ○ **Two Sided:** 双面阴影。

  ○ **Shadows Only:** 仅阴影可见，拖尾本身不可见。

◆ **Receive Shadows:** 是否接收阴影。

**Probes:** 探针。

◆ **Light Probes:** 设置如何从光照探针接收光照。

◆ **Reflection Probes:** 设置如何从反射探针接收反射。

**课后练习** **制作飞机喷气拖尾效果**

使用本节拖尾组件相关知识制作飞机的喷气拖尾效果，如图8.54所示。

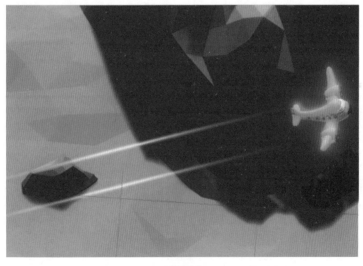

图8.54

# 8.3 线渲染器

Line Renderer（线渲染器）一般用于一些比较线性的效果，比如飞机发射的激光射线效果或像《英雄联盟》中的英雄维克托的死亡射线这类直线型技能特效，如图8.55所示。

创建线渲染器组件，只需在菜单栏的GameObject>Effects下找到并单击Line选项即可，如图8.56所示。

图8.55

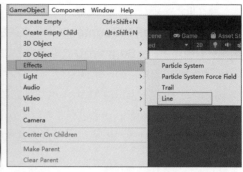

图8.56

此时，Hierarchy窗口中会出现新创建的名为
Line的对象，如图8.57所示。

在Scene视图中可以看到默认的线渲染器效果，
如图8.58所示。

图8.57

图8.58

单击选中Line对象，在Inspector窗口中可以查看Line组件及其属性，如图8.59所示。

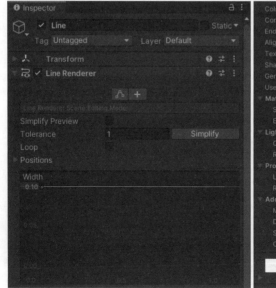

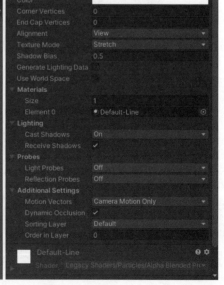

图8.59

线渲染器组件中常用的属性说明如下。

**编辑模式:** 线渲染器需要指定组成线所需要的点,关于点的赋值方式,有3种编辑模式,最上方有两个按钮可以被按下,分别表示编辑点模式和创建点模式,若两个按钮都没按下,则表示在下方的Positions属性中直接设置点的值。

**Simplify Preview:** Unity可以使用算法来减少Positions数组中的点数,从而进行简化操作,此选项表示是否显示简化操作结果的预览。

**Tolerance:** 设置简化操作的偏差量。

**Simplify:** 单击此按钮进行简化操作。

**Loop:** 是否将首尾两个点相连,形成一个闭环。

**Positions:** 组成线的点的数组。

**Width:** 设置线的宽度,通过曲线图的方式编辑,默认宽度为固定的0.1,可以通过双击左侧的0.1数值来进行修改。

**Color:** 线颜色,可以打开渐变编辑器编辑渐变色。

**Corner Vertices:** 角顶点。数值越大,线的角显得越圆,范围是0~90。

**End Cap Vertices:** 端盖顶点。数值越大,线的履带帽显得越圆,范围是0~90。

**Alignment:** 线面朝的方向。设为View表示面朝摄像机,设为Transform表示面朝其Transform的z轴。

**Texture Mode:** 纹理模式。

- ◆ **Stretch:** 拉伸。
- ◆ **Tile:** 平铺。
- ◆ **DistributePerSegment:** 沿轨迹的整个长度映射纹理一次。
- ◆ **RepeatPerSegment:** 沿轨迹重复纹理(每个轨迹段重复一次)。

**Shadow Bias:** 阴影偏移。

**Generate Lighting Data:** 生成灯光数据,如果启用,线的几何体将包含法线和切线。这允许它使用场景照明的材质。

**Use World Space:** 若开启,则这些点被视为世界空间,否则被视为本地空间。

**Materials:** 材质。默认是Unity的内置材质Default-Line。

**Lighting:** 光影。

- ◆ **Cast Shadows:** 是否投射阴影,可设置选项如下。
  - ○ **On:** 开。
  - ○ **Off:** 关。
  - ○ **Two Sided:** 双面阴影。
  - ○ **Shadows Only:** 仅阴影可见,线本身不可见。
- ◆ **Receive Shadows:** 是否接收阴影。

**Probes:** 探针。

- ◆ **Light Probes:** 设置如何从光照探针接收光照。
- ◆ **Reflection Probes:** 设置如何从反射探针接收反射。

## 课后练习 制作飞机激光射线效果

使用本节线渲染器组件相关知识,制作飞机的激光射线效果,如图8.60所示。

图8.60

# 8.4 镜头炫光

镜头炫光组件，一般用来实现太阳耀斑效果，如图8.61所示。

图8.61

创建镜头炫光组件，只需在Hierarchy窗口中创建一个空对象GameObject，选中GameObject对象，然后在菜单栏的Component>Effects下找到并单击Lens Flare选项即可，如图8.62所示。

此时，在Inspector窗口中可以看到Lens Flare组件及其属性，如图8.63所示。

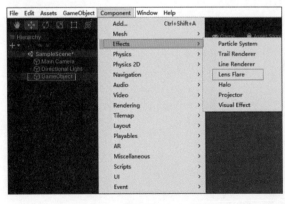

图8.62

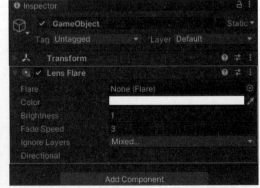

图8.63

Lens Flare（镜头炫光）组件的属性说明如下。

Flare：要渲染的光晕，Unity的标准资源包中包含3个光晕，即50mmZoom、FlareSmall、Sun，效果分别如图8.64~图8.66所示。

图8.64

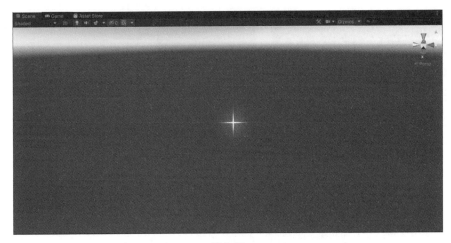

图8.65

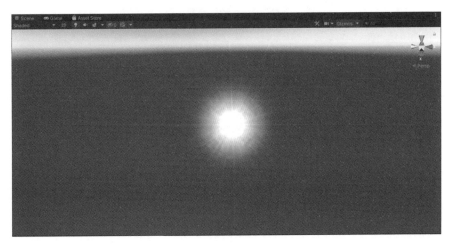

图8.66

Color：光晕的颜色。

Brightness：光晕的大小和亮度。

Fade Speed：光晕淡化的速度。

Ignore Layers：可设置不遮挡光晕的层。

Directional：若不勾选，则光晕就是Transform组件设置的位置；若勾选，则光晕会顺着对象z轴的方向无线延展，就像是从很远的方向照射过来的一样。

**课后练习** 制作太阳耀斑效果

使用本节镜头炫光组件相关知识，制作太阳耀斑效果。

## 8.5 光晕

光晕组件常用于灯光周围，实现光晕效果，如图8.67所示。

创建光晕组件，只需在Hierarchy窗口中创建一个空对象GameObject选项，单击选中GameObject对象，然后在菜单栏的Component>Effects下找到并单击Halo选项即可，如图8.68所示。

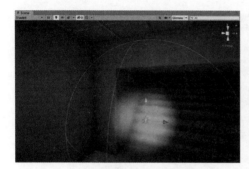

图8.67

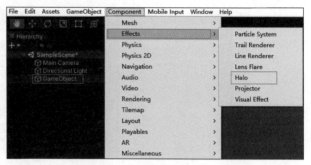

图8.68

此时，在Scene视图可以看到默认的光晕效果，如图8.69所示。

图8.69

在 Inspector 窗口中可以看到 Halo 光晕组件及
其属性，如图 8.70 所示。

Halo 光晕组件的属性说明如下。

**Color:** 光晕的颜色。

**Size:** 光晕的大小。

图 8.70

## 课后练习 制作火焰光晕效果

使用本节光晕组件相关知识，制作火焰周围的淡黄色光晕效果，如图 8.71 所示。

图 8.71

# 8.6 投影

Projector 投影组件，一般用来实现投影仪的投影效果、弹孔或类似效果、移动平台上角色脚底的模糊
阴影效果，如图 8.72 所示。

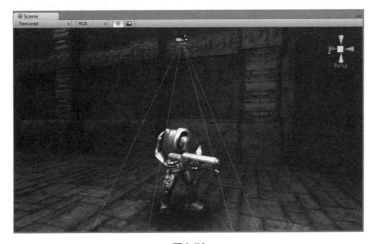

图 8.72

创建投影组件，只需在Hierarchy
窗口中创建一个空对象GameObject，单
击选中GameObject对象，然后在菜单
栏的Component>Effects下找到并单击
Projector选项即可，如图8.73所示。

此时，在Scene视图可以看到预览
效果，如图8.74所示。

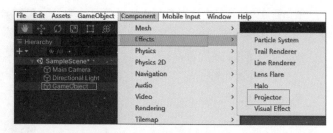

图8.73

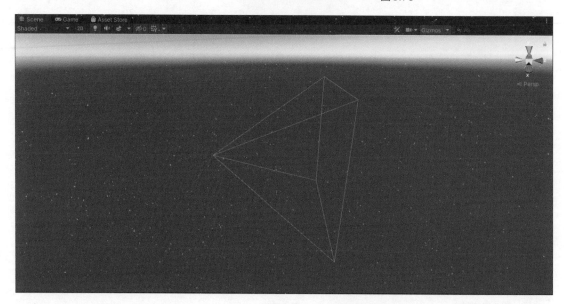

图8.74

在Inspector窗口中可以看到投影组件及其属性，如
图8.75所示。

Projector投影组件的属性说明如下。

**Near Clip Plane:** 近裁截平面。

**Far Clip Plane:** 远裁截平面。

**Field Of View:** 视野FOV。

**Aspect Ratio:** 宽高比。

**Orthographic:** 启用正交投影。

**Orthographic Size:** 正交投影大小。仅在启用
Orthographic时才使用。

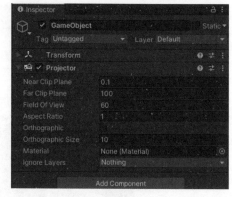

图8.75

**Material:** 投影材质。

**Ignore Layers:** 可设置不会接收到投影的层。

**课后练习** 制作角色投影效果

使用本节投影组件相关知识，制作角色投影效果，如图8.76所示。

图8.76

## 8.7 PostProcessing 全屏后效

PostProcessing是一种后处理效果,简称后效,其效果一般都是针对全屏幕进行处理而生成的,所以也被称为全屏后效。在渲染的流水线中属于最后的阶段,处理的对象是由之前场景渲染生成的一张图片,通过对屏幕空间的后处理,可以很方便地调整游戏整体的风格,在游戏中的应用也很多,比如用来模拟受伤红屏、死亡灰屏、意识模糊、高速运动等,其效果分别如图8.77~图8.80所示。

图8.77

图8.78

图8.79

图8.80

　　添加PostProcessing，需要先导入后效插件Post Processing Stack，获取方式为在Window下找到并单击打开Package Manager（包管理器）窗口，如图8.81所示。

　　在Package Manager窗口中，将左上方包的范围设置为Unity Registry，在右侧搜索框中搜索关键词post processing，等待搜索结束，单击右下角的Install（安装）按钮等待安装完毕即可，如图8.82所示。

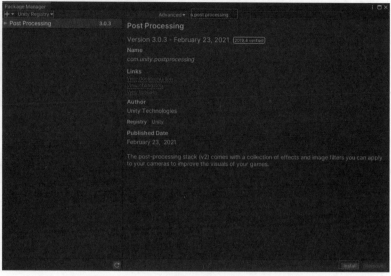

图8.81　　　　　　　　　　　　　　　　　　图8.82

　　导入完成后，在Hierarchy窗口创建一个空物体，命名为PP Volume，在Inspector窗口中搜索并添加Post-process Volume组件，并将其属性Is Global勾选，表示此后效对全局生效，单击Profile属性右侧的New按钮，Unity将自动创建一个文件夹，存放新创建的Post Process Profile（后效配置文件），且Post-process Volume组件的Profile属性也会自动赋值，如图8.83所示。

图8.83

　　选择Inspector窗口右上角的Layer>Add Layer，添加一个名为Post Processing的对象层，在Hierarchy窗口单击选中PP Volume，将此对象的层设置为Post Processing，如图8.84所示。

图8.84

在Hierarchy窗口单击选中Main Camera，在Inspector窗口中单击Add Component按钮，搜索并添加Post Processing Layer组件，将组件下的Layer属性设置为Post Processing，如图8.85所示。

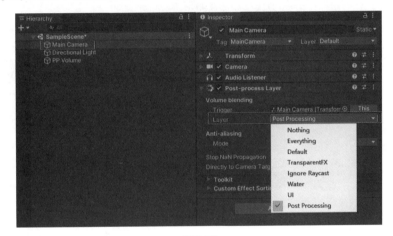

图8.85

此时，在Hierarchy窗口单击选中PP Volume对象，在Inspector窗口的Post-process Volume组件中，单击Add effect...按钮，可添加各种后效效果，并在Game视图中实时生效，如图8.86所示。

可添加的全屏后效效果如下。

**Ambient Occlusion:** 全屏环境光遮蔽，如图8.87所示。

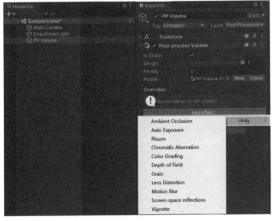

图8.86

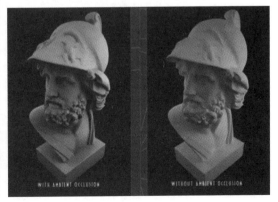

图8.87

**Auto Exposure:** 自动曝光，如图8.88所示。

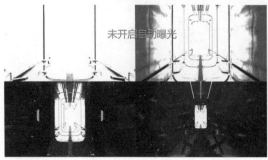

图 8.88

**Bloom:** 辉光、柔光效果，如图8.89所示。

**Chromatic Aberration:** 色差效果，如图8.90所示。

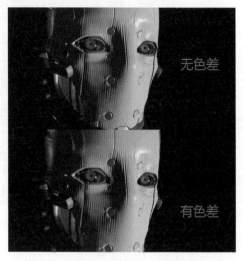

图 8.89

图 8.90

**Color Grading:** 色彩调整，如图8.91所示。

图 8.91

**Depth of Field:** 景深，如图8.92所示。

**Grain:** 颗粒，用来产生胶片颗粒的感觉，一般用来表现年代感，陈旧感，如图8.93所示。

图8.92                      图8.93

**Lens Distortion:** 镜头畸变、扭曲，如图8.94所示。

**Motion Blur:** 运动模糊，如图8.95所示。

图8.94                      图8.95

**Screen-space reflections:** 全屏反射，如图8.96所示。

**Vignette:** 暗角效果，边角压暗，如图8.97所示。

图8.96                      图8.97

**课后练习** **制作受伤红屏、死亡灰屏、意识模糊等效果**

使用本节全屏后效相关知识，模拟受伤红屏、死亡灰屏、意识模糊等效果。

## 8.8 Shader 自定义效果

在Unity中，除提供了以上常用的特效组件外，还支持使用Shader（着色器）来编写一些自定义效果，比如扭曲扰动、溶解，效果如图8.98和图8.99所示。

图8.98

图8.99

Shader（着色器）与材质相关联，并影响最终的效果。在Project窗口的Assets下创建一个名为New Material的材质，在Inspector窗口中可以通过下拉列表框设置需要的Shader，如图8.100所示。

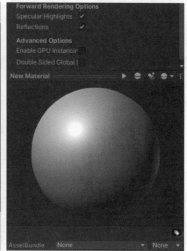

图8.100

大多数情况下，可以选择使用Unity提供的Shader，比如默认的Standard（标准着色器）。如果要实现自定义的效果，则需要自己创建及编写Shader，接下来介绍如何创建Shader并将其赋予材质。

**01** 在Project窗口中单击鼠标右键，选择Create>Shader>Standard Surface Shader即可创建一个Shader，默认名为NewSurfaceShader，如图8.101所示。

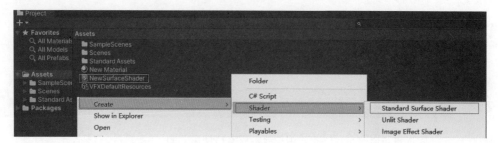

图8.101

**02** 双击打开NewSurfaceShader，可以发现Unity已经默认添加了基本的Shader代码，如图8.102所示。开发者根据自定义需求进行修改即可。值得注意的是，编写Shader代码需要了解Unity所兼容的Shader语法即ShaderLab编程，掌握一门Shader编程语言（如HLSL/GLSL/CG），以及对光照模型等计算机图形学方面的知识有一定了解。

```
NewSurfaceShader.shader
1    Shader "Custom/NewSurfaceShader"
2    {
3        Properties
4        {
5            _Color ("Color", Color) = (1,1,1,1)
6            _MainTex ("Albedo (RGB)", 2D) = "white" {}
7            _Glossiness ("Smoothness", Range(0,1)) = 0.5
8            _Metallic ("Metallic", Range(0,1)) = 0.0
9        }
10       SubShader
11       {
12           Tags { "RenderType"="Opaque" }
13           LOD 200
14
15           CGPROGRAM
16           // Physically based Standard lighting model, and enable shadows on all light types
17           #pragma surface surf Standard fullforwardshadows
18
19           // Use shader model 3.0 target, to get nicer looking lighting
20           #pragma target 3.0
21
22           sampler2D _MainTex;
23
24           struct Input
25           {
26               float2 uv_MainTex;
27           };
28
29           half _Glossiness;
30           half _Metallic;
31           fixed4 _Color;
32
33           // Add instancing support for this shader. You need to check 'Enable Instancing' on materials that use the shader.
34           // See https://█████████████████████████.html for more information about instancing.
35           // #pragma instancing_options assumeuniformscaling
36           UNITY_INSTANCING_BUFFER_START(Props)
37               // put more per-instance properties here
38           UNITY_INSTANCING_BUFFER_END(Props)
39
40           void surf (Input IN, inout SurfaceOutputStandard o)
41           {
42               // Albedo comes from a texture tinted by color
43               fixed4 c = tex2D (_MainTex, IN.uv_MainTex) * _Color;
44               o.Albedo = c.rgb;
45               // Metallic and smoothness come from slider variables
46               o.Metallic = _Metallic;
47               o.Smoothness = _Glossiness;
48               o.Alpha = c.a;
49           }
50           ENDCG
51       }
52       FallBack "Diffuse"
53   }
```

图8.102

**03** NewSurfaceShader中最上方的语句，"Shader "Custom/NewSurfaceShader""表示此Shader的路径和名称，单击New Material材质，在Inspector窗口Shader属性的下拉列表框中，按照此路径和名称进行设置，即可将Shader赋予材质，新的材质效果会实时更新，如图8.103和图8.104所示。

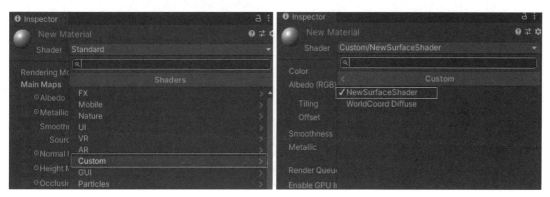

图8.103      图8.104

# 8.9 本章任务：优化画面效果，增强游戏氛围

**01** 打开之前的MyGame工程，打开GameScene场景，在Project窗口的Assets>MiddleWare>Standard Assets>ParticleSystems>Prefabs下找到DustStorm预设体并拖入Hierarchy窗口中。此目录下的预设体都是Unity标准资源包中提供的一些粒子特效，可以直接拖入场景中进行使用，DustStorm是沙尘暴特效，如图8.105所示。

图8.105

**02** 使用同样的方式将预设体FireMobile拖入Hierarchy窗口中，将其Transform组件的Position设为（10.177，0，5.263），FireMobile是火焰粒子特效，如图8.106所示。

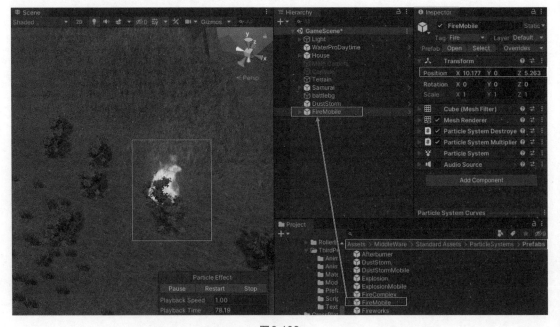

图8.106

**03** 单击选中FireMobile对象，按快捷键Ctrl+D快速复制生成一个FireMobile(1)对象，将其Transform组件的Position设为( 13.313，0，0.596)，在Inspector窗口中将FireMobile(1)对象及其子对象的Particle System组件中的Start Delay都设置为3，如图8.107所示。

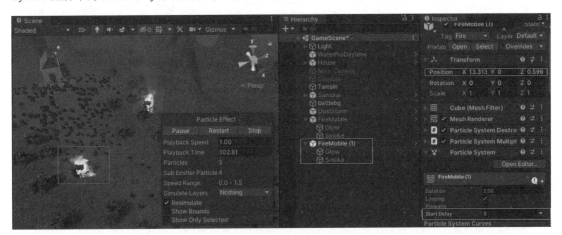

图8.107

**04** 运行游戏，将会看到周围有沙尘暴特效，左侧树的位置有火焰特效，游戏运行3秒后，中间树的位置也出现了火焰特效，为了方便后续营造场景氛围，将Hierarchy窗口中Light下的Directional Light对象的Light组件中的Color值设为傍晚的昏黄色( 196、129、16 )，效果如图8.108所示。

图8.108

**05** 接下来，为场景添加全屏后效，营造黄昏时沙尘暴的场景氛围，使用本章介绍的添加后效的方式，从Package Manager窗口中导入后效包，在Projecl窗口的Assets>_Game下创建名为PostProcessingProfile的文件夹，创建一个名为MyPPP的后效配置文件，并在Inspector窗口中添加Ambient Occlusion、Vignette、Bloom、Color Grading效果，具体属性设置如图8.109和图8.110所示。

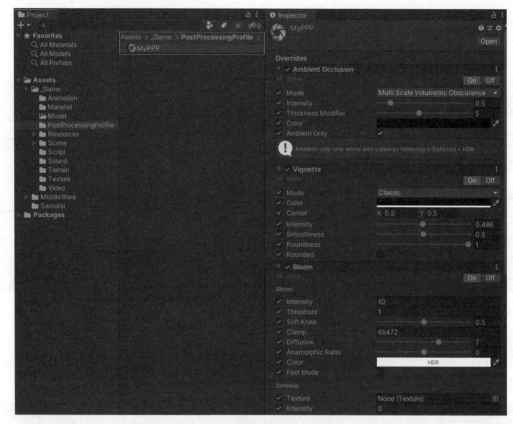

图8.109

图8.110

**06** 运用本章所学知识将MyPPP应用到场景中即可。在Hierarchy窗口中创建PP Volume后效对象，并为其创建并赋予Post Processing层，以及添加Post-process Volume组件，勾选Is Global属性，设置Profile属性为上文刚刚创建并编辑好的后效配置文件MyPPP。单击选中Hierarchy窗口中的Samurai对象下的Camera对象，在Inspector窗口中添加Post-process Layer，将Layer设置为Post Processing。此时运行游戏，效果如图8.111~图8.113所示。

图8.111

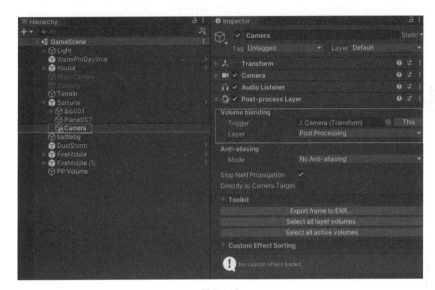

图8.112

图8.113

# 8.10 本章小结

　　本章介绍了特效相关的知识，包括粒子系统、拖尾、线渲染器、镜头炫光、光晕、投影等基本特效组件，以及PostProcessing全屏后效效果和Shader自定义效果的使用方法。最后实现了本章任务，对整个游戏的画面渲染效果进行了优化和增强。

CHAPTER

第9章
# 增强游戏真实性

## 本章学习要点

- 物理系统
- 导航网格寻路

　　在游戏中，除了需要考虑画面渲染的效果，经常还需要关注游戏的真实性，尤其是一些写实类的游戏，通过物理运动规律模拟及敌人AI智能化等方式，可以极大增强游戏的真实性。Unity提供了物理系统和导航网格系统，可以用来实现这一目的。

## 9.1 物理系统

　　Unity的Physics System（物理系统）可以用来模拟物体的物理运动规律，比如碰撞、车辆驾驶、布料、重力等，其内置的物理系统主要分为3D物理系统和2D物理系统，其中3D物理系统是集成了NVIDIA PhysX物理引擎，而2D物理系统则集成了Box2D物理引擎。

### 9.1.1 刚体组件

　　若要使用Unity物理系统，需要在相应的物体上添加其核心组件，即Rigidbody（刚体）组件。在菜单栏的GameObject>3D Object下找到并单击Cube以创建一个立方体，然后在Hierarchy窗口中单击Cube对象，在菜单栏的Component>Physics下找到并单击Rigidbody为Cube立方体添加Rigidbody组件，在Inspector窗口中可看到Rigidbody组件及其属性，如图9.1~图9.3所示。

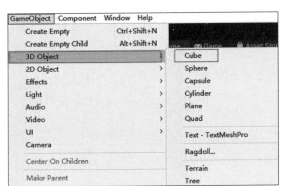

图9.1

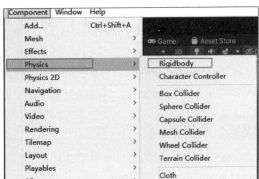

图9.2

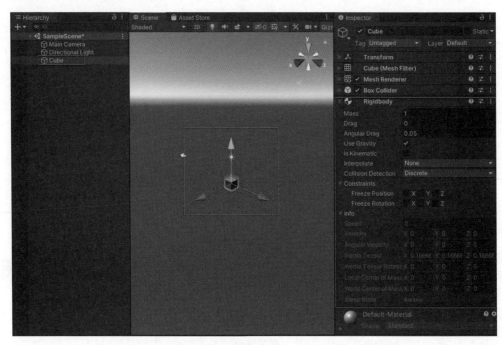

图9.3

Rigidbody（刚体）组件的常用属性说明如下。

**Drag:** 空气阻力，0为没有阻力。这个属性设为 Infinity 时立即停止移动。

**Angular Drag:** 扭矩力，0为没有阻力。注意这个属性设置为 Infinity 时不会使对象停止旋转。

**Use Gravity:** 是否使用重力，默认开启。

**Is Kinematic:** 是否符合运动学，如启用，则暂时不受物理系统控制，可直接通过 Transform 设置平移、旋转、缩放。若不启用，则受物理系统控制，而不受 Transform 控制。

**Interpolate:** 插值，若刚体运动时有抖动，可设置这个属性，选项如下。

◆ **None:** 不插值，默认选项。

◆ **Interpolate:** 根据上一帧的位置来做平滑插值。

◆ **Extrapolate:** 根据预测的下一帧的位置来做平滑插值。

**Collision Detection:** 碰撞检测，可选如下几个选项。

◆ **Discrete:** 离散碰撞检测，默认选项。

◆ **Continuous:** 连续检测。

◆ **Continuous Dynamic:** 连续动态检测。

◆ **Continuous Speculative:** 推测性连续碰撞检测。

**Constraints:** 限制。

◆ **Freeze Position:** 对位置进行限制，可以通过勾选对世界 *x*、*y*、*z* 3个轴向进行分别控制。

◆ **Freeze Rotation:** 对旋转进行限制，可以通过勾选对局部 *x*、*y*、*z* 3个轴向进行分别控制。

## 9.1.2 力组件

Constant Force（恒定力）组件可以为添加了刚体组件的物体施加恒定的力，适用于模拟火箭等一开始速度不快但不断加速的物体。在 Hierarchy 窗口中，单击选中上文添加的 Cube 对象，然后在菜单栏的

Component>Physics下找到并单击Constant Force，即可为Cube（立方体）添加Constant Force组件，在Inspector窗口中可看到Constant Force组件及其属性，如图9.4所示。

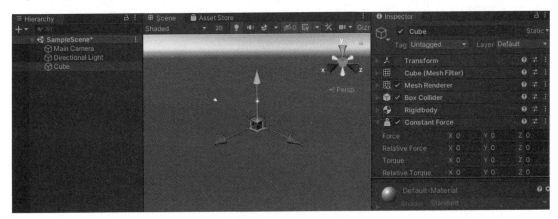

图9.4

Constant Force组件的相关常用属性说明如下。

**Force:** 世界空间的力。值越大，移动越快，可单独控制x、y、z 3个轴向上的分量。

**Relative Force:** 本地空间的力。值越大，移动越快。

**Torque:** 世界空间的扭矩力。值越大，旋转越快。

**Relative Torque:** 本地空间的扭矩力。值越大，旋转越快。

## 9.1.3 碰撞体组件

碰撞体组件是用来定义参与物理碰撞检测的物体的形状，是不可见的。其形状可以与原始物体形象不完全相同，一般粗略表示即可，只要偏差不大，大多时候在实际的游戏运行中是很难察觉的。

碰撞体可以不依赖于刚体而独立存在，即一个对象可以只挂碰撞体组件，而不挂Rigidbody组件。这种情况一般用于需要进行碰撞检测但不需要运动的静态物体，比如墙面、地面等。

Unity支持的碰撞体大致可以分为原始碰撞体、Mesh Collider（网格碰撞体）、复合碰撞体。至于添加方式，只需在Hierarchy窗口中单击选中需要添加碰撞体的对象，然后在菜单栏的Component>Physics下找到并单击要添加的碰撞体组件即可，如图9.5所示。

其中原始碰撞体是最常见、性能开销最小的碰撞体。当创建默认的几何体时，Unity会默认自动添加相应的碰撞体组件。例如，创建Cube立方体时，默认添加Box Collider碰撞体；创建Sphere球体时，默

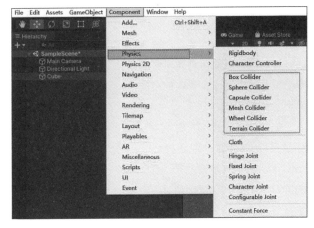

图9.5

认添加Sphere Collider碰撞体；创建Capsule胶囊体或Cylinder圆柱体时，默认添加Capsule Collider碰撞体。

各种碰撞体的相关属性及操作方式如下。

**Box Collider:** 盒子碰撞体，立方体形状的碰撞体。创建一个Cube立方体，将其Mesh Renderer组件

禁用，即可单独看到碰撞体的形状，如图9.6所示。

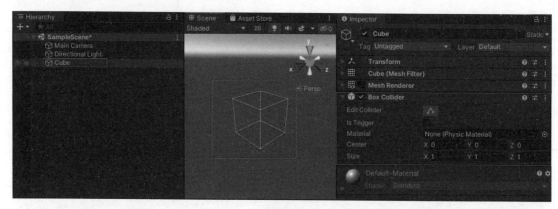

图9.6

◆ **Edit Collider:** 编辑碰撞体，单击此属性右侧的按钮可切换进入、退出编辑模式，Scene视图中出现对应盒子6个面的6个编辑点，可以通过鼠标左键拖曳这些编辑点来编辑盒子的形状，如图9.7所示。

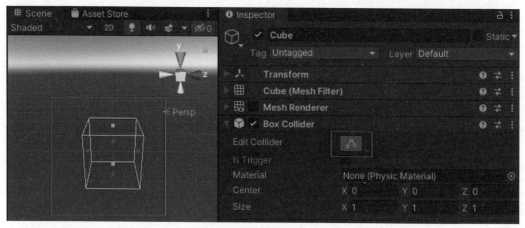

图9.7

◆ **Is Trigger:** 是否为触发器。若勾选，则使用物理引擎检测碰撞体进入另一个对象的空间而不会发生碰撞。

◆ **Material:** 物理材质。可以在Project窗口中创建一个Physic Material（物理材质）类型的资源，并在Inspector窗口中设置其摩擦力、弹性等物理属性，再赋予此处即可，如图9.8~图9.10所示。当碰撞体之间相互作用时，不同的物理材质所产生的物理效果也不同。

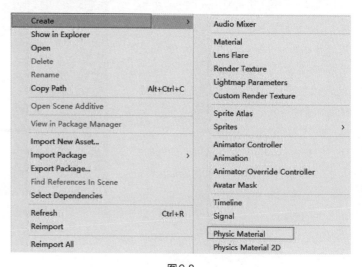

图9.8

图9.9

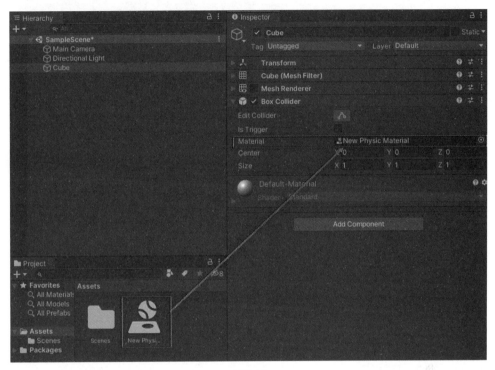

图9.10

◆ **Center:** 盒子碰撞体的中心。

◆ **Size:** 盒子碰撞体的大小尺寸。

**Sphere Collider:** 球形碰撞体。创建一个 Sphere 球体，将其 Mesh Renderer 组件禁用，即可单独看到碰撞体的形状，如图9.11所示。

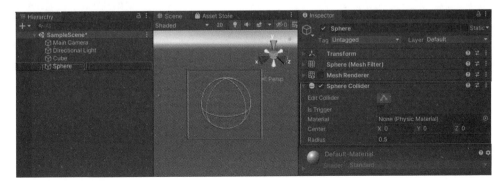

图9.11

◆ **Edit Collider:** 编辑碰撞体。单击此属性右侧的按钮可切换进入编辑和退出编辑两种模式。在编辑模式下，Scene视图中会出现球体的6个编辑点，可以通过鼠标左键拖曳这些编辑点来编辑球体的形状，如图9.12所示。

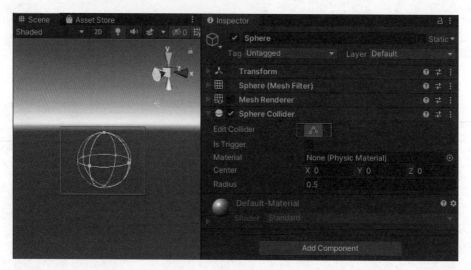

图9.12

◆ **Is Trigger:** 是否为触发器。使用方法同盒子碰撞体。

◆ **Material:** 物理材质。使用方法同盒子碰撞体。

◆ **Center:** 球形碰撞体的球心。

◆ **Radius:** 球形碰撞体的半径。

**Capsule Collider:** 胶囊碰撞体，胶囊形状的碰撞体。创建一个Capsule（胶囊体），将其Mesh Renderer组件禁用，即可单独看到碰撞体的形状，如图9.13所示。

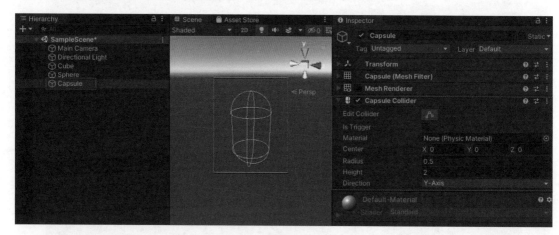

图9.13

◆ **Edit Collider:** 编辑碰撞体。单击此属性右侧的按钮可切换进入编辑和退出编辑两种模式，在编辑模式下，Scene视图中出现胶囊体的6个编辑点，可以通过鼠标左键拖曳这些编辑点来编辑胶囊体的形状，如图9.14所示。

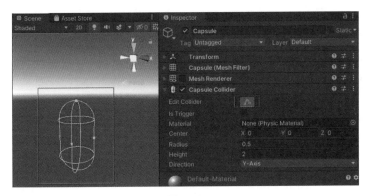

图9.14

- ◆ **Is Trigger:** 是否为触发器。使用方法同盒子碰撞体。
- ◆ **Material:** 物理材质。使用方法同盒子碰撞体。
- ◆ **Center:** 胶囊碰撞体的中心。
- ◆ **Radius:** 胶囊碰撞体的半径。
- ◆ **Height:** 胶囊碰撞体的高度。
- ◆ **Direction:** 胶囊碰撞体在对象本地空间的纵向轴，默认为Y-Axis，还可以设置为X-Axis或Z-Axis。

**Wheel Collider:** 一种用于地面交通工具的特殊碰撞体，适用于有轮子的交通工具。

**Terrain Collider:** 地形碰撞体，在Unity中创建地形时会自动添加Terrain Collider组件。

- ◆ **Material:** 物理材质。
- ◆ **Terrain Data:** 地形碰撞数据，默认使用地形网格作为碰撞模。
- ◆ **Enable Tree Colliders:** 是否开启树的碰撞。

**Composite Collider:** 复合碰撞体，注意这只是一个概念并非一个具体的组件，意为将任意数量的碰撞体添加到单个对象，形成复合碰撞体。此种碰撞体既可以更好地模拟物体的形状，又有相对较低的运算性能开销，比如一个人物角色可以用球形碰撞体来模拟头部，用胶囊碰撞体来模拟身体，球形和胶囊碰撞体构成了复合碰撞体。

**Mesh Collider:** 网格碰撞体。适用于需要比较精确模拟物体形状的情况。运算性能开销比较大，需要谨慎使用。创建一个Plane平面，将其Mesh Renderer组件禁用，即可单独看到碰撞体的形状，如图9.15所示。

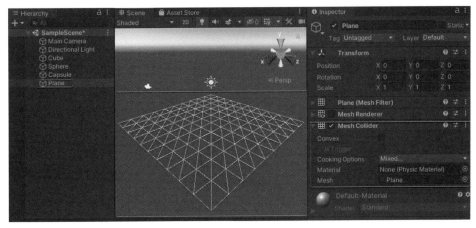

图9.15

◆ **Convex:** 默认情况下两个网格碰撞体之间无法产生碰撞，此项勾选后将根据碰撞网格产生凸面碰撞体，使两个网格碰撞体之间可以产生碰撞。

  ○ **Is Trigger:** 是否为触发器。使用方式同盒子碰撞体。只有在设置为Convex时才能勾选。

◆ **Cooking Options:** 网格烹制。

◆ **Material:** 物理材质，使用方式同盒子碰撞体。

◆ **Mesh:** 碰撞网格。

# 9.1.4 碰撞消息传递

当两个对象碰撞时，会根据情况触发不同的脚本事件，可以在相应的消息回调函数中处理游戏的逻辑。Unity提供的碰撞消息回调函数有以下几种。

**OnTriggerEnter:** 当碰撞体进入触发器时被调用。

**OnTriggerExit:** 当碰撞体停止触发触发器时被调用。

**OnTriggerStay:** 当碰撞体接触触发器时，将在每一帧被调用。

**OnCollisionEnter:** 当碰撞体触发另一个碰撞体时被调用。

**OnCollisionExit:** 当碰撞体停止触发另一个碰撞体时被调用。

**OnCollisionStay:** 当碰撞体触发另一个碰撞体时被调用，将在每一帧被调用。

至于消息是否触发，具体取决于碰撞对象各自的组件配置，碰撞检测消息具体参照如图9.16所示，碰撞后的触发器消息具体参照如图9.17所示。其中涉及的概念如下。

**静态碰撞体：** 有碰撞体组件（Is Trigger 不启用），无刚体组件的游戏对象。

**刚体碰撞体：** 有碰撞体组件（Is Trigger 不启用），有刚体组件（Is Kinematic不启用）的游戏对象。

**运动刚体碰撞体：** 有碰撞体组件（Is Trigger 不启用），有刚体组件（Is Kinematic启用）的游戏对象。

**静态触发碰撞体：** 有碰撞体组件（Is Trigger 启用），无刚体组件的游戏对象。

**刚体触发碰撞体：** 有碰撞体组件（Is Trigger 启用），有刚体组件（Is Kinematic不启用）的游戏对象。

**运动刚体触发碰撞体：** 有碰撞体组件（Is Trigger 启用），有刚体组件（Is Kinematic启用）的游戏对象。

| | 静态碰撞体 | 刚体碰撞体 | 运动刚体碰撞体 | 静态触发碰撞体 | 刚体触发碰撞体 | 运动刚体触发碰撞体 |
|---|---|---|---|---|---|---|
| 静态碰撞体 | — | 是 | — | — | — | — |
| 刚体碰撞体 | 是 | 是 | 是 | — | — | — |
| 运动刚体碰撞体 | — | 是 | — | — | — | — |
| 静态触发碰撞体 | — | — | — | — | — | — |
| 刚体触发碰撞体 | — | — | — | — | — | — |
| 运动刚体触发碰撞体 | — | — | — | — | — | — |

图9.16

| | 静态碰撞体 | 刚体碰撞体 | 运动刚体碰撞体 | 静态触发碰撞体 | 刚体触发碰撞体 | 运动刚体触发碰撞体 |
|---|---|---|---|---|---|---|
| 静态碰撞体 | — | — | — | — | 是 | 是 |
| 刚体碰撞体 | — | — | — | 是 | 是 | 是 |
| 运动刚体碰撞体 | — | — | — | 是 | 是 | 是 |
| 静态触发碰撞体 | — | 是 | 是 | — | — | — |
| 刚体触发碰撞体 | 是 | 是 | 是 | 是 | 是 | 是 |
| 运动刚体触发碰撞体 | 是 | 是 | 是 | 是 | 是 | 是 |

图9.17

# 9.1.5 关节组件

关节组件依赖刚体组件，可以将刚体与某个点或另外一个刚体连接起来，使游戏对象之间产生连带运动的物理效果。

Unity提供的关节组件有5种，如图9.18所示。可从菜单栏Component>Physics下找到并单击相应名称的菜单项来为指定游戏对象添加相应关节。

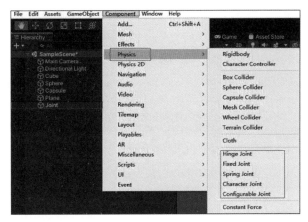

图9.18

**Hinge Joint:** 铰链关节。将一个刚体连接到另外一个刚体或世界中的某个点，并约束其绕某个轴旋转，比如模拟门的效果，其常用属性见表9.1。

表9.1

| 属性 | 含义 | 功能 |
|---|---|---|
| Connected Body | 连接刚体 | 指定关节要连接的刚体（可选），如果未设置，则关节连接到世界 |
| Anchor | 锚点 | 连接体围绕摆动的轴位置 |
| Axis | 轴 | 连接体围绕摆动的轴方向 |
| Use Spring | 使用弹簧 | 弹簧使刚体相对于其连接体呈现特定角度 |
| Spring | 弹簧 | 在启用 Use Spring 的情况下使用的弹簧的属性 |
| Use Motor | 使用马达 | 使对象发生旋转运动 |
| Motor | 马达 | 在启用 Use Motor 的情况下使用的马达的属性 |
| Use Limits | 使用限制 | 限制铰链的角度 |
| Limits | 限制 | 在启用 Use Limits 的情况下使用的限制属性 |
| Break Force | 断开力 | 断开铰链关节所需的力 |
| Break Torque | 断开扭矩力 | 断开铰链关节所需的扭矩力 |

**Fixed Joint:** 固定关节。用于约束指定游戏对象跟随另一个游戏对象的移动，类似于 Transform 组件的父子级关系，其常用属性见表9.2。

表9.2

| 属性 | 含义 | 功能 |
|---|---|---|
| Connected Body | 连接刚体 | 指定关节要连接的刚体 |
| Break Force | 断开力 | 断开固定关节所需的力 |
| Break Torque | 断开扭矩力 | 断开固定关节所需的扭矩力 |

**Spring Joint:** 弹簧关节。连接两个刚体使其像弹簧一样进行运动，可用于模拟弹簧的效果，其常用属性见表9.3。

表9.3

| 属性 | 含义 | 功能 |
|---|---|---|
| Connected Body | 连接刚体 | 指定关节要连接的刚体 |
| Anchor | 锚点 | 应用于局部坐标的刚体所围绕的摆动点 |
| Spring | 弹簧 | 弹簧的强度 |
| Damper | 阻尼 | 弹簧的阻尼值 |
| Min Distance | 最小距离 | 弹簧启用的最小距离数值 |
| Max Distance | 最大距离 | 弹簧启用的最大距离数值 |
| Break Force | 断开力 | 断开弹簧关节所需的力 |
| Break Torque | 断开扭矩力 | 断开弹簧关节所需的扭矩力 |

**Character Joint:** 角色关节。用于模拟球窝关节，主要用于布偶效果，允许限制每个轴上的关节，其常用属性见表9.4。

表9.4

| 属性 | 含义 | 功能 |
|---|---|---|
| Connected Body | 连接刚体 | 指定关节要连接的刚体 |
| Anchor | 锚点 | 应用于局部坐标的刚体所围绕的摆动点 |
| Axis | 轴 | 角色关节的扭动轴 |
| Swing Axis | 摆动轴 | 角色关节的摆动轴 |
| Low Twist Limit | 扭曲下限 | 角色关节扭曲的下限 |
| High Twist Limit | 扭曲上限 | 角色关节扭曲的上限 |
| Swing 1 Limit | 摆动限制1 | 摆动限制 |
| Swing 2 Limit | 摆动限制2 | 摆动限制 |
| Break Force | 断开力 | 断开角色关节所需的力 |
| Break Torque | 断开扭矩力 | 断开角色关节所需的扭矩力 |

**Configurable Joint:** 可配置关节。可以自定义模拟任何关节形式，但参数较多，使用复杂，其常用属性见表9.5。

表9.5

| 属性 | 含义 | 功能 |
|---|---|---|
| Connected Body | 连接刚体 | 指定关节要连接的刚体 |

续表

| 属性 | 含义 | 功能 |
| --- | --- | --- |
| Anchor | 锚点 | 关节的中心点 |
| Axis | 主轴 | 关节的局部旋转轴 |
| Secondary Axis | 副轴 | 角色关节的摆动轴 |
| X Motion | $x$轴移动 | 游戏对象基于$x$轴的移动方式 |
| Y Motion | $y$轴移动 | 游戏对象基于$y$轴的移动方式 |
| Z Motion | $z$轴移动 | 游戏对象基于$z$轴的移动方式 |
| Angular X Motion | $x$轴旋转 | 游戏对象基于$x$轴的旋转方式 |
| Angular Y Motion | $y$轴旋转 | 游戏对象基于$y$轴的旋转方式 |
| Angular Z Motion | $z$轴旋转 | 游戏对象基于$z$轴的旋转方式 |
| Linear Limit | 线性限制 | 以其关节原点为起点的距离对齐运动边界进行限制 |
| Low Angular X Limit | $x$轴旋转下限 | 基于$x$轴关节初始旋转差值的旋转约束下限 |
| High Angular X Limit | $x$轴旋转上限 | 基于$x$轴关节初始旋转差值的旋转约束上限 |
| Angular Y Limit | $y$轴旋转限制 | 基于$y$轴关节初始旋转差值的旋转约束 |
| Angular Z Limit | $z$轴旋转限制 | 基于$z$轴关节初始旋转差值的旋转约束 |
| Target Position | 目标位置 | 关节应达到的目标位置 |
| Target Velocity | 目标速度 | 关节应达到的目标速度 |
| X Drive | $x$轴驱动 | 对象沿局部坐标系$x$轴的运动形式 |
| Y Drive | $y$轴驱动 | 对象沿局部坐标系$y$轴的运动形式 |
| Z Drive | $z$轴驱动 | 对象沿局部坐标系$z$轴的运动形式 |
| Target Rotation | 目标旋转 | 关节旋转到目标的角度值 |
| Target Angular Velocity | 目标角速度 | 关节旋转到目标的角速度值 |
| Rotation Drive Mode (X and YZ) | 旋转驱动模式 | 通过$x$和$yz$轴驱动或插值驱动对象自身的旋转进行控制 |
| Angular X Drive | $x$轴角驱动 | 关节围绕$x$轴进行旋转的方式 |
| Angular YZ Drive | $yz$轴角驱动 | 关节围绕$y$、$z$轴进行旋转的方式 |
| Slerp Drive | 球面线性插值驱动 | 关节围绕局部所有的坐标轴进行旋转的方式 |
| Projection Mode | 投影模式 | 对象远离其限制位置时使其返回的模式 |
| Projection Distance | 投影距离 | 在对象与其刚体链接的角度差超过投影距离时使其回到适当的位置 |

续表

| 属性 | 含义 | 功能 |
|---|---|---|
| Projection Angle | 投影角度 | 在对象与其刚体链接的角度差超过投影角度时使其回到适当的位置 |
| Configured In World Space | 在世界坐标系中配置 | 将目标相关数值都置于世界坐标中进行计算 |
| Swap Bodies | 交换刚体功能 | 将两个刚体进行交换 |
| Break Force | 断开力 | 断开关节所需的作用力 |
| Break Torque | 断开扭矩力 | 断开关节所需的扭矩力 |
| Enable Collision | 激活碰撞 | 激活碰撞属性 |

## 9.1.6 布料组件

布料（Cloth）组件用于模拟布料运动的物理效果，且依赖于Skinned Mesh Renderer（带蒙皮的网格渲染器）。

可通过Component>Physics>Cloth命令来添加布料组件，若对象没有Skinned Mesh Renderer组件或有Mesh Renderer，则会添加一个或替换成Skinned Mesh Renderer，Inspector窗口中可查看布料组件相关属性，如图9.19所示，相关说明见表9.6。

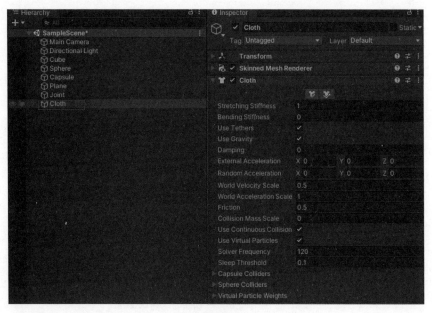

图9.19

表9.6

| 属性 | 功能 |
|---|---|
| Stretching Stiffness | 布料的拉伸刚度 |

续表

| 属性 | 功能 |
| --- | --- |
| Bending Stiffness | 布料的弯曲刚度 |
| Use Tethers | 开启约束，防止过度拉伸 |
| Use Gravity | 是否开启重力 |
| Damping | 运动阻尼 |
| External Acceleration | 施加在布料上的恒定外部加速度 |
| Random Acceleration | 施加在布料上的随机外部加速度 |
| World Velocity Scale | 角色运动速度对布料顶点的影响程度 |
| World Acceleration Scale | 角色运动加速度对布料顶点的影响程度 |
| Friction | 布料与角色碰撞时的摩擦力 |
| Collision Mass Scale | 碰撞粒子的质量增加量 |
| Use Continuous Collision | 启用连续碰撞来使碰撞更加稳定，减少直接穿透碰撞的概率 |
| Use Virtual Particles | 增加虚拟粒子，以提高碰撞稳定性 |
| Solver Frequency | 解算器每秒迭代次数 |
| Sleep Threshold | 布料的睡眠阈值 |
| Capsule Colliders | 应与此 Cloth 实例碰撞的 CapsuleCollider 的数组 |
| Sphere Colliders | 应与此 Cloth 实例碰撞的 ClothSphereColliderPairs 的数组 |

# 9.2 导航网格寻路

Navigation System（导航网格系统）是 Unity 提供的用于实现动态物体自动寻路的一种技术，其主要包含 NavMesh（导航网格）和 NavMesh Agent（导航代理）两大部分。

## 9.2.1 导航网格烘焙

实现物体自动寻路，需要知道哪些地方可走哪些地方不可走，而 Navigation Mesh（导航网格，简称 NavMesh）就是用来记录这些信息的一种数据结构，在 Unity 中有专门的导航网格窗口来构建导航网格数据。从关卡几何体创建导航网格的这个过程称为 NavMesh Baking（导航网格烘焙）。具体操作如下。

**01** 通过菜单栏的 Window>AI>Navigation 打开导航网格窗口，一般可将此窗口拖曳停靠在 Inspector 窗口右侧，如图 9.20 和图 9.21 所示。

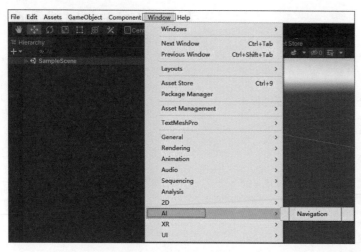

图9.20

图9.21

*02* 通过 GameObject>3D>Plane 创建一个平面作为可行走的地面，并将其命名为 Ground，如图9.22
所示。

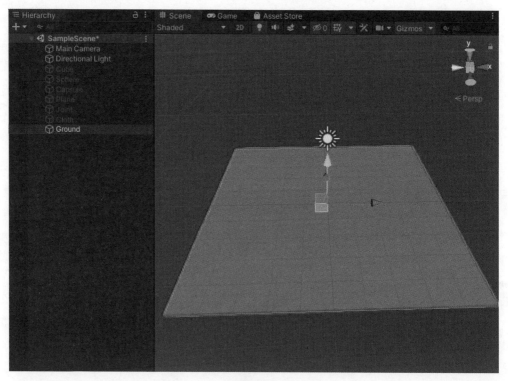

图9.22

*03* 通过 GameObject>3D>Cube 创建一个立方体作为不可行走的墙面，并将其命名为 Wall。将其
Transform 组件的 Scale 设置为（1，1，0.1），如图9.23所示。

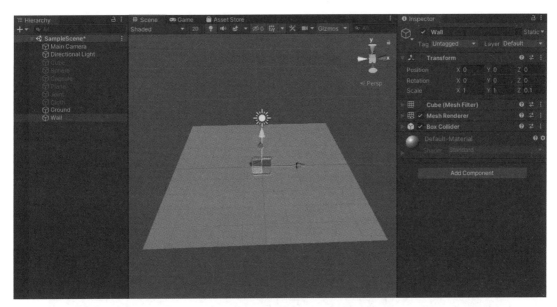

图9.23

**04** 在Hierarchy窗口中选中Ground和Wall对象，在Inspector窗口中单击右上角的Static右侧的下箭头按钮，在弹出的下拉列表中选择Navigation Static选项，表示将这两个游戏对象标记为导航网格静态物体，只有标记为Navigation Static的物体才会参与导航网格烘焙，如图9.24所示。

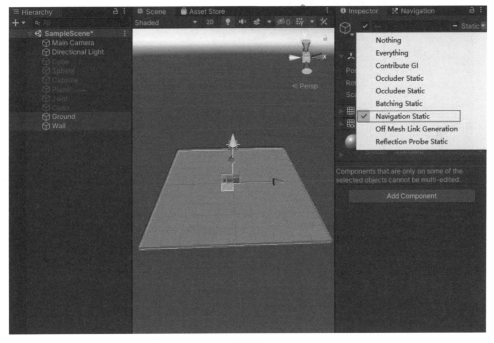

图9.24

**05** 在Hierarchy窗口中单击选中Ground对象，确保Navigation窗口中Object标签页下的Navigation Area为Walkable，表示地面对象是可行走的，如图9.25所示。

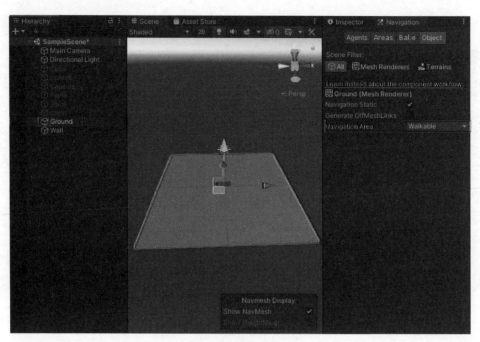

图9.25

**06** 在 Hierarchy 窗口中单击选中 Wall 对象，在 Navigation 窗口中将 Object 标签页下的 Navigation Area 设置为 Not Walkable，表示墙面对象是不可行走的，如图9.26所示。

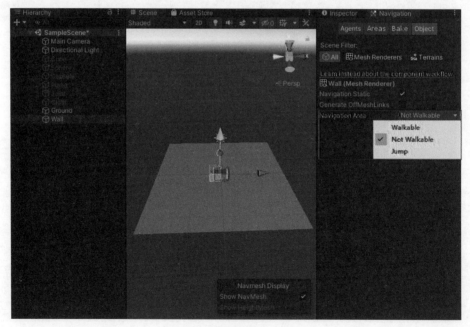

图9.26

**07** 在 Navigation 窗口中单击 Bake 标签页下的 Bake 按钮，表示开始进行导航网格烘焙。导航网格烘焙完成后，可在 Scene 视图中预览烘焙后的效果（需要确保勾选 Scene 视图右下角 Navmesh Display 小窗口中的 Show NavMesh 复选框），地面上的蓝色网格即为可行走区域，如图9.27所示。

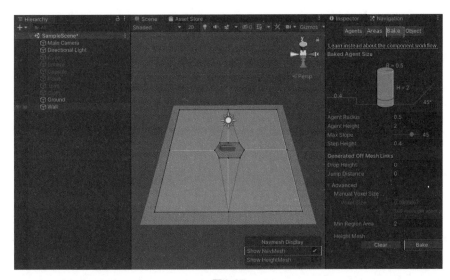

图9.27

**08** 烘焙后会在当前场景的同级资源目录下自动生成一个与当前场景同名的资源文件夹，烘焙后的数据文件就存储在此级目录中。通过单击Navigation窗口最下方的Clear按钮可以清空已存储的烘焙数据文件，如图9.28和图9.29所示。

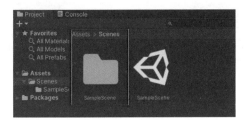

图9.28

图9.29

**09** 在Navigation窗口Bake标签页下可详细设置烘焙相关参数，重新设置参数后单击Bake按钮烘焙即可，参数相关说明见表9.7。

表9.7

| 参数 | 功能 |
|---|---|
| Agent Radius | 导航代理的半径，半径越小，生成的网格面积越大 |
| Agent Height | 导航代理的高度 |
| Max Slope | 最大斜坡坡度 |
| Step Height | 台阶高度 |
| Drop Height | 最大下落距离 |
| Jump Distance | 最大跳跃距离 |
| Manual Voxel Size | 是否手动调整烘焙尺寸 |
| Voxel Size | 烘焙的单元尺寸，控制烘焙的精度 |

续表

| 参数 | 功能 |
|------|------|
| Min Region Area | 最小区域 |
| Height Mesh | 是否生成高度网格 |

## 9.2.2 导航代理寻路

为场景烘焙好导航网格后，就可以添加需要导航的游戏角色了，即添加导航代理。

首先通过单击GameObject>3D Object>Capsule，创建一个胶囊体并将其命名为Player，表示需要寻路的角色，如图9.30所示。

在Hierarchy窗口中单击选中Player对象，通过单击Component>Navigation>Nav Mesh Agent为其添加导航网格代理组件，如图9.31所示。

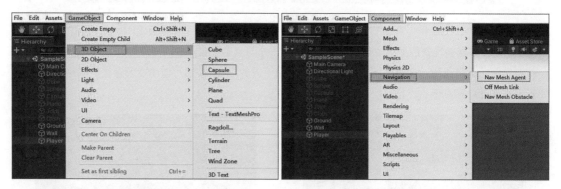

图9.30　　　　　　　　　　　　　　　　　图9.31

将Player对象的Transform组件的Position设为（1，0.1，1），Scale设为（0.1，0.1，0.1），如图9.32所示。

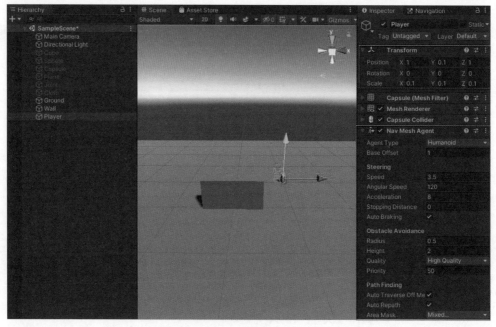

图9.32

这样，角色和导航代理就添加好了。更多的细节设置可以根据需要调节Nav Mesh Agent组件中的属性，具体可参考表9.8。

表9.8

| 属性 | 功能 |
| --- | --- |
| Base Offset | 碰撞圆柱体相对于本地坐标的偏移 |
| Speed | 最大移动速度 |
| Angular Speed | 最大角速度 |
| Acceleration | 最大加速度 |
| Stopping Distance | 离目标距离还有多远时停止 |
| Auto Braking | 启用时，到达目标位置时将减速 |
| Radius | 导航代理的半径 |
| Height | 导航代理的高度 |
| Quality | 避障的质量，如果设置为None，则不躲避其他导航代理 |
| Priority | 导航优先级，范围是0~99，值越小，优先级越高 |
| Auto Traverse Off Mesh Link | 是否自动遍历网格外链接 |
| Auto Repath | 当现有的路径无效时是否自动获取新的路径 |
| Area Mask | 此导航代理可行走的区域类型 |

## 动手练：实现点击控制物体寻路功能

前面几个小节，完成了场景的导航网格烘焙，添加了代表角色的胶囊体对象，并为其添加了导航代理组件，接下来将为胶囊体角色添加一个脚本，实现单击地面位置，胶囊体角色自动寻路到目标点的功能。

**01** 在Project窗口的Assets目录下单击鼠标右键以创建一个C#脚本，并将其命名为MoveToClickPoint.cs，双击脚本以在代码编辑器中打开，编写代码如下，详细说明见其中注释。

```
1.  using UnityEngine;
2.
3.  //导入命名空间
4.  using UnityEngine.AI;
5.
6.  public class MoveToClickPoint : MonoBehaviour
7.  {
8.      //定义导航网格组件变量
9.      NavMeshAgent agent;
10.
11.     void Start()
12.     {
13.         //初始时获取并为导航网格组件变量赋值
14.         agent = GetComponent<NavMeshAgent>();
15.     }
16.
```

```
17.      void Update()
18.      {
19.          // 检测是否按下鼠标左键
20.          if (Input.GetMouseButtonDown(0))
21.          {
22.              // 定义射线检测结果信息，例如，hit.point 表示射线和相交物体的交点，
23.              //hit.collider 表示碰到的碰撞体，
24.              //hit.distance 表示射线原点到碰撞点之间的距离
25.              RaycastHit hit;
26.
27.              //调用Unity的Physics.Raycast方法进行射线检测，将检测结果存储在hit变量中
28.              //Physics.Raycast 方法返回布尔类型的值，当射线和任何碰撞体相交时，返回真，
                   否则为假
29.              //Camera.main.ScreenPointToRay(Input.mousePosition)，这里
30.              //Camera.main.ScreenPointToRay 是 Unity 中 Camera 类的一个方法，
31.              //表示从摄像机当前位置发射射线到屏幕特定位置，并返回这条Ray类型的射线。
32.              //其参数是屏幕中的一个点，这里传的Input.mousePosition是鼠标在屏幕中的位置
33.              if (Physics.Raycast(Camera.main.ScreenPointToRay(Input.
                   mousePosition), out hit))
34.              {
35.                  // 设置导航网格代理的目标点为射线检测结果打中的目标点，
36.                  // 接下来导航网格代理会自动绕过障碍物，寻路到目标点
37.                  agent.destination = hit.point;
38.              }
39.          }
40.      }
41. }
```

02 将此脚本拖曳挂载到Player对象上，如图9.33所示。

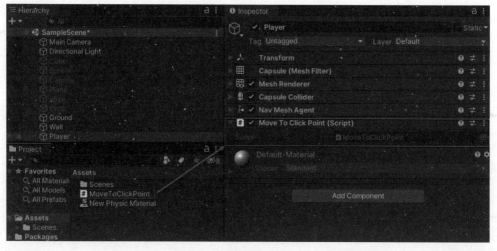

图9.33

03 在Hierarchy窗口中单击选中Main Camera，在Inspector窗口中将其Transform组件的Position设置为( 0, 5, −8)，Rotation设置为( 30, 0, 0)，运行游戏，单击场景中的地面，可以看到胶囊体可以绕过墙体障碍物，自动寻路到鼠标单击的目标位置，如图9.34所示。

图9.34

## 9.3 本章任务：添加物理碰撞，让游戏世界更加真实

打开之前的MyGame工程，打开GameScene场景，运行游戏会发现玩家控制的主角会跟场景中的树、房屋、山体等穿模，角色可以跑到地图外等不真实的现象。接下来将为游戏添加碰撞检测，为地图设置边界。另外还将添加一个传送门，当主角抵达传送门时会自动返回菜单场景，从而使整个游戏流程更加完善。

**01** 首先添加碰撞检测。目前场景中的房屋、地形、树木都是有碰撞体的。因为房屋是使用基本几何体搭建的，基本几何体自动添加了相应的碰撞体，地形创建时也自动添加了Terrain Collider（地形碰撞）组件，而且默认情况下，Terrain Collider组件的Enable Tree Colliders也是勾选的，所以树也有碰撞。因此，只有主角没有碰撞体。可以为武士角色对象添加Capsule Collider，再使用脚本控制其碰撞。但更常用的方式是直接为武士角色添加一个Character Controller（角色控制器）组件，此组件是Unity提供的专门用于角色控制的组件。在Hierarchy窗口中单击选中Samurai对象，通过单击Component>Physics>Character Controller添加角色控制器组件。在Inspector窗口中将Character Controller组件的 Center设置为（0，2.28，0），Height设置为4.58，从而使角色控制器的碰撞体范围基本包裹住武士角色，如图9.35所示。

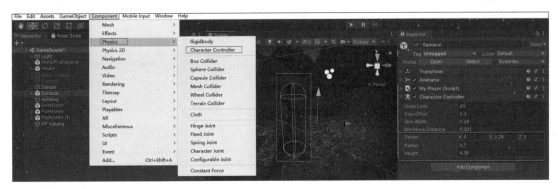

图9.35

**02** 运行游戏，可发现武士角色能够被房屋、树木、坡度比较陡的山体碰撞阻挡，不再穿模，还可以顺利爬上坡度比较缓的山体，如图9.36所示。

图9.36

**03** 接下来添加地图边界碰撞。通过单击 GameObject>3D Object>Cube 创建一个立方体，将其命名为 Cube1，并在 Inspector 窗口中按照图 9.37 所示设置其 Transform 组件的属性。

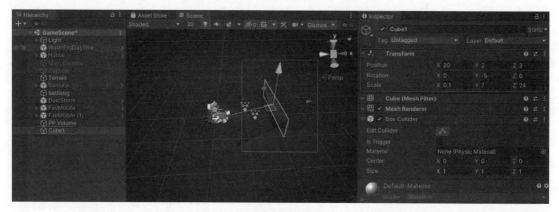

图9.37

**04** 使用同样的方式创建 Cube2、Cube3、Cube4，它们各自的 Transform 属性设置分别如图 9.38~图 9.40 所示。

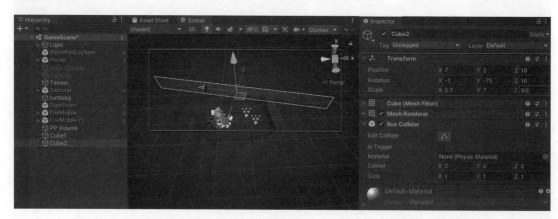

图9.38

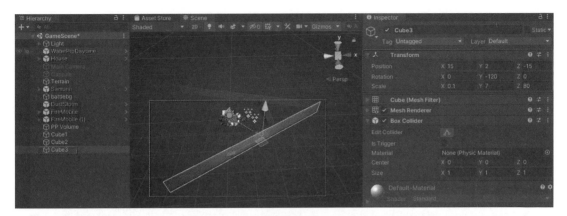

图9.39

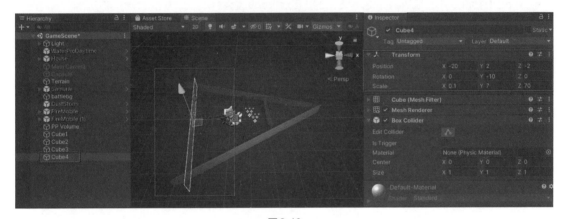

图9.40

**05** 按快捷键Ctrl+Shift+N以创建一个空对象并将其命名为Border，确保Reset重置其Transform组件。把4个立方体拖曳到Border下作为其子物体。在Hierarchy窗口中，通过按住Ctrl键+鼠标左键点选的方式将Border下的4个立方体对象全部选中，在Inspector窗口中，将所有立方体的Mesh Renderer组件禁用，表示只保留其Box Collider碰撞体，但并不渲染立方体，如图9.41所示。

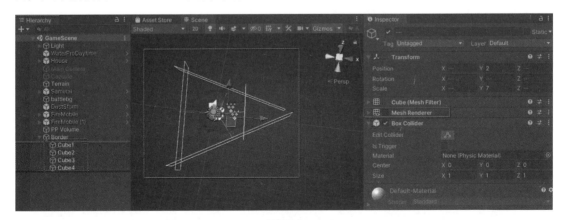

图9.41

**06** 运行游戏，可以发现武士角色只能在允许的限制边界内活动，当到达划定的边界时就会被阻挡，无法再超出地图外，如图9.42所示。

图9.42

**07** 接下来添加一个传送门，从下载资源的Effect目录下找到Portal.unitypackage，将其拖入Project窗口，在Assets>MiddleWare>Portal目录下，将其中的PortalPrefab预设体拖入Hierarchy窗口中，将其Transform组件的Position设置为（12，0.5，2），Rotation设置为（0，60，0），如图9.43所示。

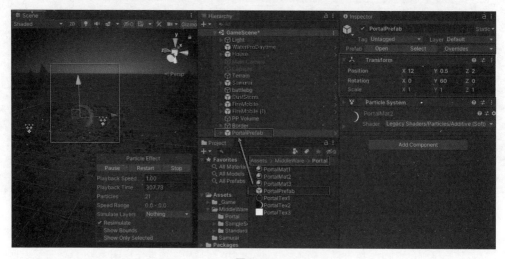

图9.43

**08** 为PortalPrefab对象添加一个Sphere Collider组件，将Radius（半径）设为1，大致能够包裹住传送门特效，勾选Is Trigger属性，如图9.44所示。

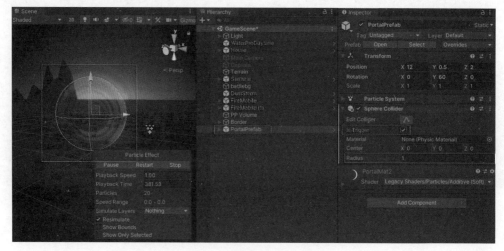

图9.44

**09** 接下来，为传送门添加一个脚本，控制当武士角色到达传送门时，传送回菜单场景。在 Project 窗口的 Assets>_Game>Script 目录下创建一个 C# 脚本，并将其命名为 MyPortal.cs。将此脚本拖到 Hierarchy 窗口中的 PortalPrefab 对象上，如图 9.45 所示。

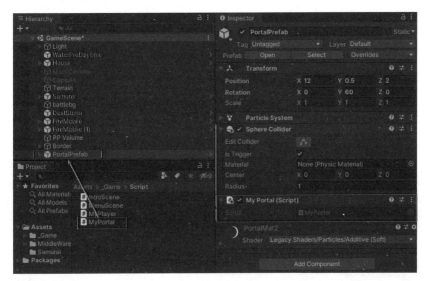

图 9.45

**10** 双击 MyPortal.cs，在代码编辑器中进行编辑。编写代码如下，详细说明见其中注释。

```csharp
1.  using System.Collections;
2.  using System.Collections.Generic;
3.  using UnityEngine;
4.  //导入命名空间
5.  using UnityEngine.SceneManagement;
6.
7.  public class MyPortal : MonoBehaviour
8.  {
9.      void Start()
10.     {
11.
12.     }
13.
14.     void Update()
15.     {
16.
17.     }
18.
19.     /// <summary>
20.     /// 当其他碰撞体进入传送门的 Sphere Collider 范围内时触发此函数
21.     /// </summary>
22.     /// <param name="other"></param>
23.     private void OnTriggerEnter(Collider other)
24.     {
25.         //other是和传送门触发碰撞的碰撞体，other.gameObject是触发碰撞的游戏对象，
26.         //CompareTag("Player")意为检测触发碰撞的游戏对象是否Tag为Player，若是则返
```

```
                回真，否则返回假
27.            if (other.gameObject.CompareTag("Player"))
28.            {
29.                //玩家角色碰到了传送门，调用SceneManager.LoadScene切换到ID为1的场景，
30.                // 即菜单场景 MenuScene
31.                SceneManager.LoadScene(1);
32.            }
33.        }
34. }
```

**11** 在Hierarchy窗口中单击选中Samurai对象，在Inspector窗口中将其Tag修改为Player，如图9.46所示。

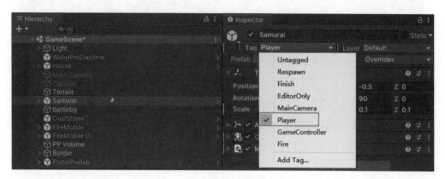

图9.46

此时运行游戏，控制武士角色抵达传送门时，切换到了菜单场景，整个游戏的流程变得更加完善。

# 9.4 本章小结

本章介绍了物理系统和导航网格寻路相关的知识。其中物理系统介绍了刚体、力、碰撞体、碰撞消息传递、关节、布料的使用方法。在导航网格寻路模块中介绍了如何使用导航网格烘焙和导航代理，并实现了点击控制物体自动寻路的功能。最后实现了本章任务，为之前的游戏项目添加了物理碰撞，避免穿模和超出边界，还添加了传送门，实现了从游戏场景到菜单场景的切换，完善了整个游戏的流程，增强了游戏的真实性。

# 跨平台发布游戏

## 本章学习要点

- PC平台发布
- iOS平台发布
- Android平台发布
- WebGL平台发布

　　游戏在Unity中开发完成后，需要针对不同的平台进行打包，发布成可执行文件供玩家游玩。Unity支持众多平台，包括PC、Android、iOS、WebGL、UWP、tvOS、PS4、Xbox等。在Unity中按快捷键Ctrl+Shift+B可以打开打包窗口，左下角的Platform列出了可打包的平台，单击其中任意一项，若右侧出现No xxx module loaded，说明没有下载当前平台的打包模块，无法打包，需要单击Open Download Page按钮跳转到浏览器进行相应模块的下载安装，如图10.1所示。

　　安装完成后，右侧会出现平台相关的打包选项，可单击右下角的Build或Build And Run按钮进行打包，如图10.2所示。

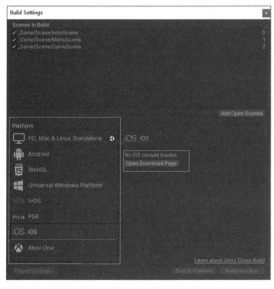

图10.1

图10.2

在左侧切换到一个新平台后，无法直接单击Build按钮直接打包，需要先单击右下角的Switch Platform按钮进行平台的切换，Unity会对资源进行必要的处理并显示处理进度条，处理结束后才会出现Build按钮允许打包，如图10.3所示，即从当前的PC平台切换到Android平台时的效果。

本章将对PC、Android、iOS、WebGL这4个比较常用的平台如何发布游戏做详细介绍。

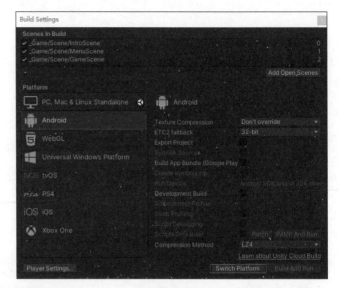

图10.3

# 10.1 PC 平台

若需要把游戏发布在PC平台上运行则需要进行PC平台的打包，打包PC平台的一般步骤如下。

**01** 按快捷键Ctrl+Shift+B以打开打包窗口，将所有需要打包的场景拖曳到上方的构建列表中，并通过拖曳列表内的项来调整好顺序，确保平台切换到PC,Mac & Linux Standalone，然后单击右下角的Build按钮，如图10.4所示。

**02** 在弹出的目录选择窗口中，新建一个Build文件夹，存放打包后的文件，单击"选择文件夹"按钮，如图10.5所示。

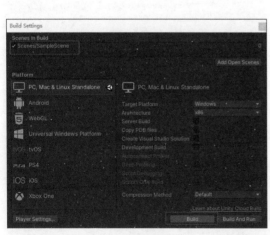

图10.4

图10.5

**03** 等待打包进度条结束。打包的进度快慢跟游戏内资源多少及电脑运行速度有关，打包过程中可通过单击Cancel按钮取消打包，如图10.6所示。

**04** 打包结束后会自动打开Build文件夹，双击EXE文件即可直接运行，如图10.7所示。

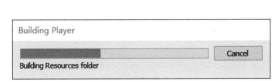

图10.6                        图10.7

注意，若需要将打包后的游戏拷给别人游玩，需要把整个Build文件夹拷过去，Build文件夹的名字可以随意更改，但Build文件夹内部打包出来的文件不能在资源浏览器中直接重命名，也不能随意更改其目录结构。UnityCrashHandler32.exe这个文件可以删除。

**05** 在Build Settings窗口单击Player Settings...按钮，有关于打包的更多属性设置，如图10.8和图10.9所示。

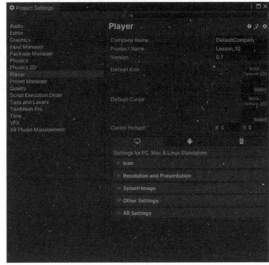

图10.8                        图10.9

其中常用的属性说明如下。

**Architecture:** 平台架构。

◆ **x86:** 32位CPU。

◆ **x86_64:** 64位CPU。

**Development Build:** 启用此设置可以在构建版本中包含脚本调试符号及性能分析器。

**Company Name:** 公司名称，默认为DefaultCompany。

**Product Name:** 产品名称，默认为Unity工程的名称。

**Version:** 版本号，默认是0.1。

**Default Icon:** 默认图标。

**Default Cursor:** 默认鼠标指针。

**Fullscreen Mode:** 全屏模式。

◆ **Fullscreen Window:** 窗口全屏。

◆ **Exclusive Fullscreen (Windows only):** 独占全屏。

◆ **Maximized Window (Mac only):** 将游戏窗口设置为操作系统的 "最大化" 定义。

◆ **Windowed:** 将游戏设置为标准的非全屏可移动窗口，其大小取决于应用程序分辨率。

**Run In background:** 是否允许游戏在后台 ( 失去焦点 ) 运行。

**Supported Aspect Ratios:** 支持的分辨率宽高比。

**Show Splash Image:** 是否显示启动画面，注意 Unity Personal 版本此功能受限制。

**Show Unity Logo:** 是否显示 Unity 的 Logo，注意 Unity Personal 版本此功能受限制。

**Color Space:** 颜色空间，可选 Gamma 或 Linear。

**Scripting Backend:** 选择要使用的脚本后端。脚本后端确定 Unity 如何在项目中编译和执行 C# 代码。可选 Mono 或 IL2CPP 两种方式。

**API Compatibility Level:** .NET API 的版本，可选 .Net 2.0、.Net 4.x。

**Scripting Define Symbols:** 宏定义。

# 10.2 Android 平台

若要把游戏打包发布到基于 Android 系统的移动设备上游玩，则需要进行 Android 平台的打包，打包发布 Android 平台的一般步骤如下。

**01** 按快捷键 Ctrl+Shift+B 打开打包窗口，将所有需要打包的场景拖曳到上方的构建列表中，并通过拖曳列表内的项来调整好顺序，确保平台切换到 Android，单击右下角的 Switch Platform 按钮等待进度条结束，如图 10.10 所示。

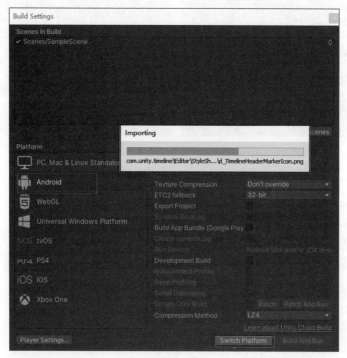

图 10.10

**02** 单击左下角的 Player Settings... 按钮以打开编辑器设置，然后修改一些必要的设置，将 Company

Name修改为MyCompany，将Product Name修改为Lesson10，如图10.11所示。

图10.11

此时下方的Package Name变成com.MyCompany.Lesson10，如图10.12所示。

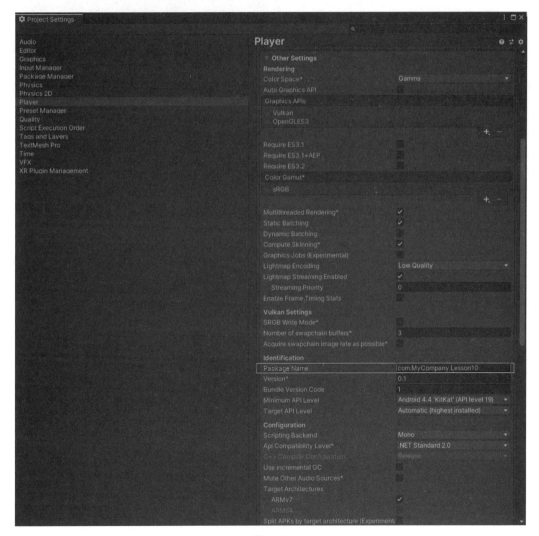

图10.12

**03** 单击Build Settings窗口右下角的Build按钮，在弹出的目录选择窗口中新建一个APK文件夹，文件名设置为Lesson10.apk，单击"保存"按钮，如图10.13所示。

**04** 等待打包进度条结束，APK 文件夹就会自动打开，其中可以找到打包好的 Lesson10.apk 文件，将其拷贝安装到安卓设备中即可运行游戏，如图 10.14 所示。

图 10.13                    图 10.14

值得注意的是，项目路径中不能有中文目录，否则会打包失败。

另外，如果是第一次打包到安卓平台，需要先配置好在安卓平台打包所依赖的 JDK 和 Android SDK，否则也会报错。配置方法如下。

**01** 在 Oracle 官网下载 Java SE Development Kit 8u321 并安装，如图 10.15 所示。

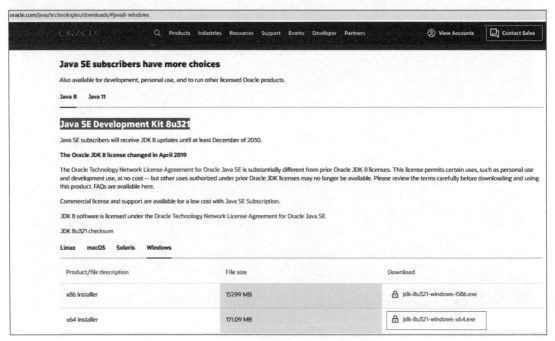

图 10.15

*02* 在Android Developers官网下载并安装Android Studio，安装完成后启动Android Studio，单击右上角3个点的按钮，在弹出的菜单中单击SDK Manager选项，如图10.16所示。

图10.16

*03* 弹出系统设置窗口，在右侧设置好Android SDK的目录，在下方列表中根据需要勾选Android SDK的版本，然后单击右下角的Apply按钮，等待下载完成即可，如图10.17所示。

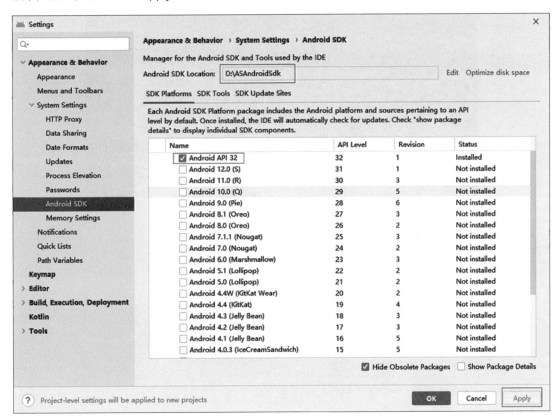

图10.17

*04* 接下来需要在Unity中配置JDK和Android SDK的路径，通过Edit>Preferences...打开Preferences窗口，单击左侧的External Tools，在右侧将JDK Installed with Unity (recommended) 左边的复选框取消勾选，直接输入JDK的路径，也可以通过单击Browse按钮进行路径定位，使用同样的操作方式设置好Android SDK的路径，如图10.18所示。

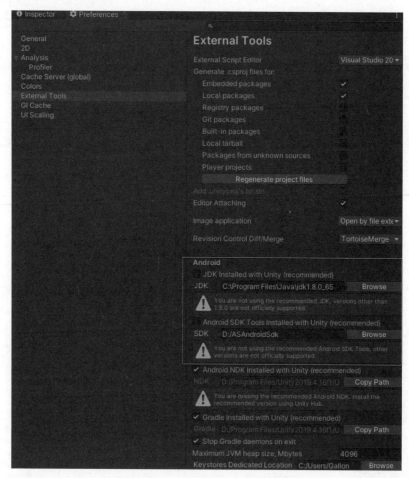

图 10.18

安卓打包中其他常用的属性设置如下。

**Default Orientation:** 打开游戏时默认的方向。

◆ **Portrait:** 竖屏，主屏幕按钮显示在底部。

◆ **Portrait Upside Down:** 竖屏，主屏幕按钮显示在顶部。

◆ **Landscape Left:** 横屏，主屏幕按钮显示在右侧。

◆ **Landscape Right:** 横屏，主屏幕按钮显示在左侧。

◆ **Auto Rotation:** 允许屏幕自动旋转

**Minimum API Level:** 最小 API 级别。

**Target API Level:** 目标 API 级别。

**Install Location:** 安装位置。

◆ **Prefer External:** 如果可能，将应用程序安装到外部存储（SD 卡）。

◆ **Force Internal:** 强制将游戏安装到内部内存。

**Internet Access:** 网络权限。

◆ **Auto:** 使用网络时添加网络访问权限。

◆ **Require:** 始终需要网络访问权限。

**Write Permission:** 是否允许外部存储的信息写入访问权限。

- ◆ **Internal:** 仅内部存储的信息写入访问权限。
- ◆ **External(SDCard):** 开启外部存储的信息写入访问权限。

# 10.3 iOS 平台

　　若要把游戏打包发布到基于iOS系统的移动设备上游玩，则需要进行iOS平台的打包，打包发布iOS平台的一般步骤如下。

**01** 按快捷键Ctrl+Shift+B打开打包窗口，将所有需要打包的场景拖曳到上方的构建列表中，并通过拖曳列表内的项来调整好顺序，确保平台切换到iOS，单击右下角的Switch Platform按钮，等待进度条结束，如图10.19所示。

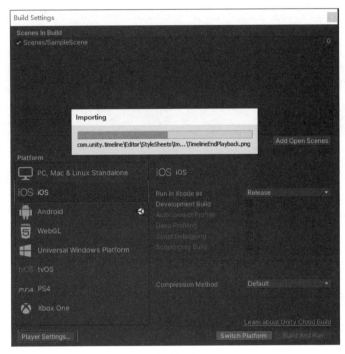

图10.19

**02** 单击左下角的Player Settings...按钮，打开编辑器设置，然后修改一些必要的设置，将Company Name修改为MyCompany，将Product Name修改为Lesson10，如图10.20所示。

图10.20

此时下方的 Bundle Identifier 变成 com.MyCompany.Lesson10，如图 10.21 所示。

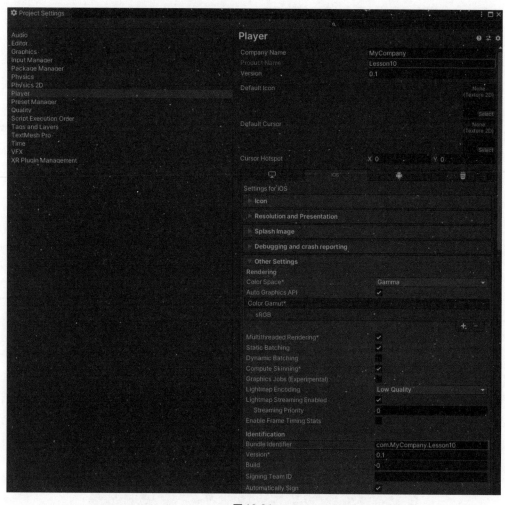

图 10.21

**03** 单击 Build Settings 窗口右下角的 Build 按钮，导出 XCode 工程。在弹出的目录选择窗口中新建一个 IOS 文件夹，单击"选择文件夹"按钮，如图 10.22 所示。

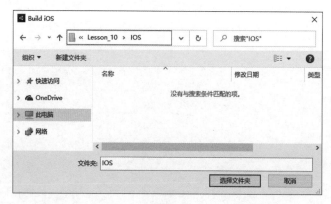

图 10.22

等待导出进度条结束，其间可以单击Cancel按钮取消导出，如图10.23所示。

**04** 导出结束后，IOS文件夹就会自动打开，其中可以找到导出后的Xcode工程，如图10.24所示。

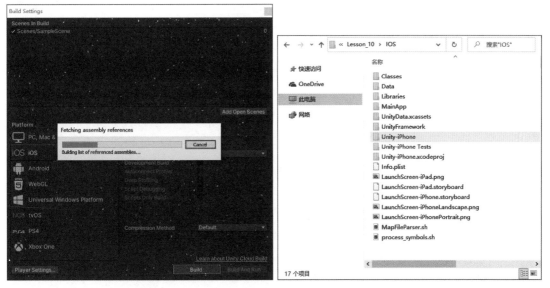

图10.23                                                图10.24

Unity无法直接打包iOS的IPA格式的包，只能导出Xcode工程。接下来需要在Mac计算机上操作，安装好Xcode工具，双击Unity-iPhone.xcodeproj以在Xcode中打开工程，然后使用Xcode打包导出IPA文件，之后安装到iOS移动设备即可运行游戏。

值得注意的是，Xcode是一个由Apple开发且仅适用于Mac的集成开发环境（IDE），包含一套软件开发工具，可以从App Store中下载Xcode。使用Xcode打包时，需要在Xcode中添加Apple ID，如果只是在iOS设备上测试游戏版本，只需要在Apple ID官网注册一个免费账号即可，但若要使用Game Center（游戏中心）和In-App Purchases（应用内购）之类的服务并提交到App Store，则需要苹果开发者账号，可以在Apple Developer官网申请。

iOS打包中其他常用的属性设置如下。

**Default Orientation:** 打开游戏时默认的方向。

◆ **Portrait:** 竖屏，主屏幕按钮显示在底部。

◆ **Portrait Upside Down:** 竖屏，主屏幕按钮显示在顶部。

◆ **Landscape Left:** 横屏，主屏幕按钮显示在右侧。

◆ **Landscape Right:** 横屏，主屏幕按钮显示在左侧。

◆ **Auto Rotation:** 允许屏幕自动旋转。

**Target Device:** 目标设备。可设置为iPhone Only、iPad Only和iPhone+iPad。

**Target SDK:** 目标SDK。选项包括Device SDK和Simulator SDK，必须和Xcode中的目标选择一致。

**Target minimum iOS Version:** 运行游戏需要的最低iOS版本。

## 10.4 WebGL 平台

若要把游戏打包发布到支持WebGL的浏览器上游玩，则需要进行WebGL平台的打包，打包发布WebGL平台的一般步骤如下。

**01** 按快捷键Ctrl+Shift+B，打开打包窗口，将所有需要打包的场景拖曳到上方的构建列表中，并通过拖曳列表内的项来调整好顺序，确保平台切换到WebGL，单击右下角的Switch Platform按钮等待进度条结束，如图10.25所示。

**02** 单击左下角的Player Settings...按钮，打开编辑器设置，然后修改一些必要的设置，将Company Name修改为MyCompany，将Product Name修改为Lesson10，如图10.26所示。

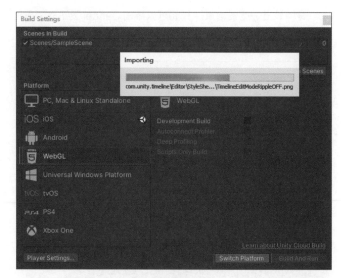

图 10.25

图 10.26

**03** 单击Build Settings窗口右下角的Build按钮，打包输出WebGL文件。在弹出的目录选择窗口中新建一个WebGL文件夹，单击"选择文件夹"按钮，如图10.27所示。

**04** 等待打包进度条结束，WebGL文件夹就会自动打开，其中可以找到打包好的WebGL文件，双击Index.html即可在浏览器中运行游戏，如图10.28所示。

图 10.27

图 10.28

另外打包到 WebGL 平台有些值得注意的问题。

①项目路径中不能有中文目录，否则会打包失败。

②需要支持 WebGL 的浏览器才能正常打开运行，如 Chrome、Firefox、Safari 等，而且 WebGL 一些特性需要用户的硬件设备支持，而且部分浏览器需要手动开启 WebGL 相关权限支持。

③WebGL 默认字体为 Arial，不支持本地中文字体，需要导入字体到 Unity 项目中。

④若 UI 中使用了 InputField（输入框）控件，打包 WebGL 后只能输入英文，无法调出中文输入法输入中文。为解决这一问题，可以使用免费插件 IME input for Unity WebGL 来替代 InputField。

其他常用的属性设置如下。

**Default Canvas Width：**默认画布宽度。

**Default Canvas Height：**默认画布高度。

**WebGL Template：**WebGL 模板。

- ◆ **Default：**一个简单的白色页面，灰色画布上有个加载进度条。
- ◆ **Minimal：**最小模板。仅使用必要的样板代码来运行游戏。

## 10.5 本章任务：完善游戏案例并打包发布 EXE 在 PC 上运行

**01** 打开之前的 MyGame 工程，按快捷键 Ctrl+Shift+B 打开 Build Settings 窗口，确保将 IntroScene、MenuScene、GameScene 按顺序拖入 Scenes In Build 场景构建列表中，复选框全部处于勾选状态，ID 分别为 0、1、2。确认左下角的 Platform 设置为 PC, Mac & Linux Standalone，右下角的 Architecture 设置为 x86_64。单击左下角的 Player Settings... 按钮，如图 10.29 所示。

图 10.29

**02** 在打开的设置窗口中，将Company Name设置为MyCompany，将Product Name设置为MyGame。

**03** 将下载资源的Texture目录下的icon.png拖入Project窗口的Assets>_Game>Texture目录下，单击icon.png，在Inspector窗口中将其Texture Type设为Sprite（2D and UI），单击Apply按钮，如图10.30所示。

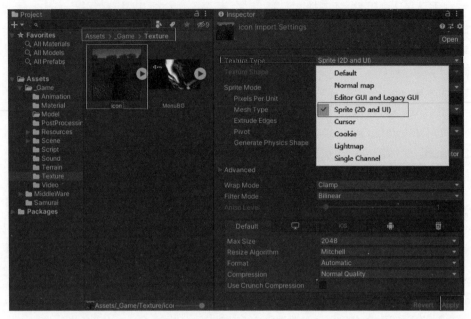

图10.30

**04** 将icon.png赋予Project Settings窗口Player下的Default Icon属性，如图10.31所示。

图10.31

**05** 按快捷键Ctrl+Shift+B打开Build Settings窗口，单击右下角的Build And Run按钮，如图10.32所示。

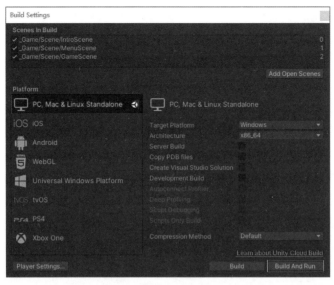

图 10.32

**06** 在弹出的目录选择窗口中，新建一个Build文件夹并将其选中，单击"选择文件夹"按钮，如图10.33所示。

等待打包进度条结束，如图10.34所示。

图 10.33

图 10.34

**07** 打包结束后，Build目录下就会生成打包后的文件，且游戏自动运行。但运行后发现，游戏无法主动退出（只能通过Alt+F4键或任务管理器强行退出），需要在菜单界面添加一个退出游戏的按钮和功能。而且在启动画面结束之后，进入开头动画场景的过程中会先看到Unity的默认天空盒，然后才播放视频，效果很不好，接下来将解决这两个问题，完善整个游戏案例。

使用本书前面章节所学的知识，在Project窗口的Assets>_Game>Scene目录下双击打开MenuScene菜单场景，在Hierarchy窗口中单击选中Button对象，按F2键将其重命名为StartButton，然后按快捷键Ctrl+D复制出一个新的按钮并将其重命名为ExitButton，在Inspector窗口中，将其Pos Y设置为-300。在Hierarchy窗口中单击选中ExitButton的子对象Text，在Inspector窗口中将其Text组件的Text设置为退出游戏。

在Project窗口的Assets>_Game>Script下双击MenuScene.cs，在代码编辑器中打开，添加using

UnityEditor 命名空间和一个 OnClickExitGameBtn 函数，即玩家单击退出游戏按钮时需要调用的回调函数。
最终 MenuScene.cs 文件内容见以下代码，详细说明见其中的注释。

```csharp
using System.Collections;
using System.Collections.Generic;
using UnityEngine;
using UnityEngine.SceneManagement;
using UnityEditor;

public class MenuScene : MonoBehaviour
{
    void Start()
    {

    }

    void Update()
    {

    }
    /// <summary>
    /// 玩家单击开始游戏按钮时调用的响应函数
    /// </summary>
    public void OnClickStartGameBtn()
    {
        // 第一个参数表示 Build Settings 场景构建列表中 ID 为 2 的场景
        SceneManager.LoadScene(2);
    }

    /// <summary>
    /// 玩家单击退出游戏按钮时调用的响应函数
    /// </summary>
    public void OnClickExitGameBtn()
    {
        // 使用 UNITY_EDITOR 宏区分编辑器模式和打包模式，因为在两种模式下，退出游戏的写法是不
一样的
#if UNITY_EDITOR
        EditorApplication.isPlaying = false;// 编辑器模式下调用 EditorApplication 的
isPlaying 设为 false 即可退出，需要导入 UnityEditor 命名空间
#else
        Application.Quit();// 非编辑器模式下即打包后调用 Application 的 Quit 函数即可退出
#endif
    }
}
```

*08* 回到 Unity 编辑器中，在 Hierarchy 窗口中单击选中 ExitButton，在 Inspector 窗口中将其 Button 组件
OnClick 响应事件函数修改为 MenuScene.OnClickExitGameBtn。最终设置后的效果如图 10.35 所示。

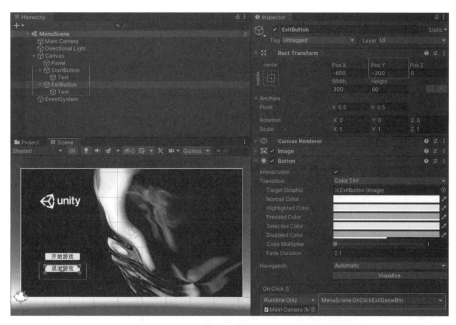

图10.35

这样无论是在Unity编辑器中还是在打包之后，玩家都可以通过单击退出游戏按钮来主动退出游戏了。

**09** 接下来，在Project窗口的Assets>_Game>Scene目录下双击打开IntroScene场景，在Hierarchy窗口中单击选中Main Camera对象，在Inspector窗口中，将其Camera组件的Clear Flags修改为Solid Color，将Background设置为黑色，这样此场景默认背景就从默认天空盒变成了纯黑色，如图10.36所示。

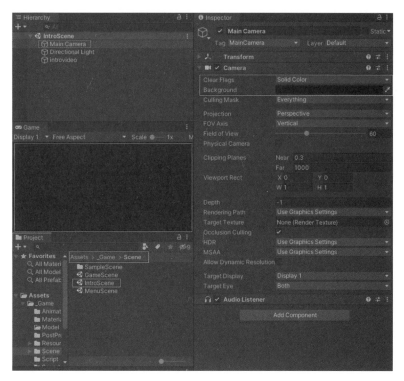

图10.36

**10** 至此对于整个游戏的完善均已完成，按快捷键Ctrl+S保存项目场景，按照PC平台打包流程重新打包覆盖之前的Build文件夹即可，Unity会进行增量打包，打包速度一般会比之前首次打包更快。打包完成后若需要将游戏提供给其他玩家游玩，只需要拷贝或发布整个Build文件夹，玩家双击Build文件夹下的MyGame.exe即可运行游戏，如图10.37所示。注意Build文件夹的名字可以根据需要随意更改，但Build内部的文件不可随意更改。

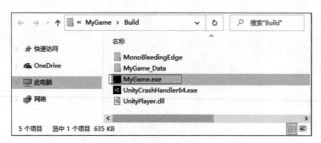

图 10.37

# 10.6 本章小结

　　本章介绍了Unity跨平台打包相关的知识，着重介绍了在PC、Android、iOS和WebGL四大平台的打包操作。最后实现了本章任务，添加了主动退出游戏的功能，并改善了从启动画面到开头视频场景跳转的效果，对整个游戏案例进行了完善并打包出PC平台的EXE文件，可以发布给其他玩家在PC上游玩。